なるほど高校数学 三角関数の物語
なっとくして、ほんとうに理解できる

原岡喜重 著

- ●装幀／芦澤泰偉・児崎雅淑
- ●カバーイラスト／大塚砂織
- ●目次デザイン／中山康子
- ●図版／天龍社・さくら工芸社

シリーズ「なるほど高校数学」刊行にあたって

　数学は豊かで魅力に満ちた学問です.
　アイデアがひらめいて問題の解き方が分かったとき，あるいは見方をちょっと変えるだけで物事の様子が鮮明に浮かび上がったときなど，数学の魅力を感じる人も多いでしょう.
　逆に，数学は難しい，わけが分からない，と感じる人も多いと思います．しかしそのような場合でも，ひとつでも分かる部分ができ，それを足がかりに数学の魅力を体験することができれば，苦手意識も徐々に解消されていくのではないでしょうか.

　でも，いったいなぜ数学を学ぶのでしょうか.
　数学におけるもののとらえ方やテクニックは，数の計算や図形などの数学上の問題に限らず，物理・化学をはじめとする自然科学全般において問題解決への強力な手段となっています．また，論理を積み重ねて結論を導く方法，物事を抽象化して普遍的な視点に到達する方法など，数学では人間のあらゆる活動の根底となる方法を学ぶことができます.
　しかしそれ以上に，はじめに述べたような「分かる喜び・発見する喜び」を体験できることこそが，数学を学ぶ大きな意義だと思います.

　それでは，どうすれば数学が分かるようになるのでしょうか.

万能の方法などありません．一人一人がそれぞれ取り組んでいく中で，「あ，分かった！」という瞬間を積み重ねていくしかないのです．

　しかし，万能とは言えませんが，数学で学ぶいろいろなことがらの関係を正しくつかんだり，いま学ぶことの先には何が待ち受けているのかを頭に描いたりすることができれば，理解の大きな助けになります．すでに理解している人にとっては，より深い認識を手に入れることができます．

　そのようなことを考え，数学の様々なテーマについて，「分かりやすく，その広がりを実感できるように物語る」シリーズ「なるほど高校数学」を刊行することにいたしました．テーマとしては高校で学ぶ内容が中心となりますが，教科書ではありませんので，時には大学で学ぶ内容にまで話が及ぶこともあるでしょう．高校生はもちろんのこと，数学に興味のある中学生でも，大学生・社会人でも，多くの人に数学の魅力・喜びを体験してもらえるものにしたいと考えています．

原岡喜重

まえがき

　　三角関数とはいったいなんだろうか？
　　なぜそんなものを考えるのだろう？
　　三角関数はどのように使われるのか？

　三角関数について何も知らない人でも，その姿をつかまえ，それがどんな活躍をするのかを理解できるように，という思いで本書を書きました．とりあえず三角形の相似を知っていれば読み進むことができ，おしまいの方では大学の理学部や工学部で扱う内容にまで話がつながっていきます．

　三角関数は高校で学び，大学入試問題にもよく現れるものです．高校では教育内容やそれを教わる順番が綿密に設計されていて，教科書もそれに対応するよう工夫して書かれていますが，いろいろと制約が多いということは否定できません．

　本書はそういった制約に全くとらわれずに，三角関数というテーマについて「まるごと」知ってもらおう，という書き方をしています．「まるごと」というのは，そもそもそれが何物であって，どんな性質を持っていて，他の世界とのどのような関わりを持つのか，それを知ることでどのような世界が開けてくるのか，といったことを全体として頭に入れることで，物事を理解するときに非常に重要な方法です．

　本書では，三角関数の由来，定義，基本的な性質，様々なレベルでの応用，物理現象・微分積分・ベクトルの内積などとの多面的な関係について，ひとつのストーリーを組み上げ

て語っています．三角関数というと山のような公式を思い出してうんざりされる方もいるかと思いますが，「まるごと」とらえるという理解の仕方をすると，巻末の公式集の中の「基本的な公式」に載せたたった10個の公式さえ覚えれば，他の公式はすべて導くことができるので無理して覚える必要はありません．このように本書の扱い方は，実践的な意味でも役に立つと思います．

　本書のもうひとつのキーワードは「自然に」です．新しい概念や公式を身につけようとするとき，なぜこのように定義・定式化するのか，ということを納得することは非常に重要です．たとえば，はじめは鋭角に対してしか定義されていなかった三角関数をあらゆる角度にまで広げることになりますが，実はこの新しい定義は適当に人工的にこしらえたものではなく，いろいろな面で自然なものを選ぶとこう定義するしかないというものなのです．その深い理由は本書の範囲では説明できませんが，自然だと感じてもらうことで定義が頭にすっきりとおさまると思います．

　この本は，数学に興味を持つ意欲的な中学生から高校生・大学生・社会人まで，広い範囲の人々に読んでいただけるような「物語」として心を配って書きました．三角関数の姿を知っていただき，さらにそれを通して数学の世界について理解を深めていただければと思います．執筆を勧めて下さり，折々に貴重な助言を頂きました講談社の梓沢修氏に，深く感謝いたします．

　なお，高校で学ぶ数学の様々なテーマについて，教科書に

あるような制約からは全く自由に,「分かりやすく,その広がりを実感できる」ように語るシリーズを計画しており,本書はその第1冊目となります.続刊についてもどうぞご期待下さい.

    2005年3月 原岡喜重

もくじ

シリーズ刊行にあたって‥‥3
まえがき‥‥5

第1章 遠近感と三角形
10

第2章 三角形と三角関数
16

§1.三角関数の登場‥‥16
　《三角関数の定義を直接用いた応用》 22
　《直角三角形の性質から導かれる三角関数の性質》 25

§2.三角関数の加法定理‥‥27
　《倍角の公式と半角の公式》 33
　《和と積を入れ替える公式》 36
　《三角関数のグラフ──その1》 39

§3.正弦定理,余弦定理‥‥41

§4.ケプラーの惑星の法則と三角関数‥‥49

第3章 円と三角関数　58

§1. 円を用いた三角関数‥‥58
《三角関数 $(\sin\theta, \cos\theta)$ のグラフ ── その2》　66

§2. 関係式‥‥71
《正弦定理と余弦定理》　73

第4章 一般角に対する三角関数　79

§1. 角度の範囲を広げる‥‥79
《三角関数のグラフ ── その3》　87

§2. 加法定理‥‥89

§3. 角度の新しい表し方──弧度法‥‥93
《三角関数のグラフ ── その4》　97

第5章 微分積分と三角関数　99

§1. 三角関数の値を正確に求める‥99
§2. 自然現象を三角関数で表す‥‥105
§3. フーリエ級数‥‥126
§4. 加法定理（定理4.1）の証明‥‥137

問の解答‥‥144　　公式集‥‥148
三角関数表‥‥152　　参考書‥‥154
さくいん‥‥155

第 1 章　遠近感と三角形

図 1.1

　テーブルの上に置かれた 2 つのカップのうち，どちらが近くにありどちらが遠くにあるか，そんなことはそれぞれのカップまでの距離を測るまでもなく，見れば分かります．ものが遠くにあるか近くにあるかを感じとる感覚のことを遠近感と言いますが，我々には遠近感が備わっているからです．でもいったい，どうやって遠い近いを見分けることができるのでしょうか．

　ためしに片方の目をつむると，遠近感が失われることが分

第 1 章 遠近感と三角形

かります．ということは，遠近感を感じるには 2 つの目が必要なのです．では 2 つの目をどのように使って距離を感じとることができるのでしょうか．そのからくりは，三角形を使って説明できます．

カップが自分の正面にあるとしましょう．すると右目と左目からカップに向けた視線は，二等辺三角形を作ります．

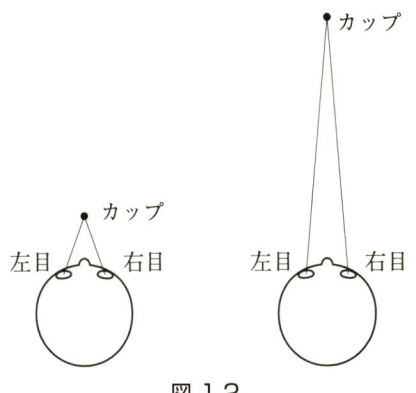

図 1.2

カップが遠くにあるときと近くにあるときでは，二等辺三角形の形が違ってきますね．カップが遠くにあるときの方が，長くのびた形になっています．そしてこのときには，二等辺三角形の底角も大きくなっています．我々の目は，この二等辺三角形の形や大きさを直接感じとることはできませんが，底角の大きさは視線の向きとして感じとることができます．そしてものを見たとき，この底角が小さければ近いと感じ，大きければ遠いと感じるわけです．この原理を図にまとめておきましょう．

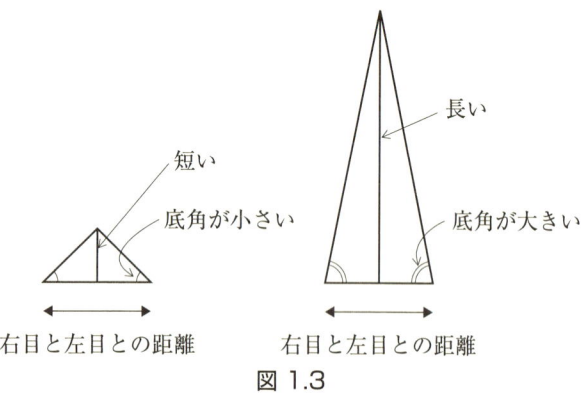

図 1.3

　三角形の角度（内角）を知ることによってその三角形の形が分かるので，間接的に距離を測ることができるということです．

　同じような原理は，身近ないろいろな場面で使われています．もうひとつの例として，乗り物に乗っているときの話をしましょう．

　列車のように，しばらくまっすぐ走る乗り物に乗っているとき，遠くの山はあまり動かないのに近くの木はすごい速さで後方にとんでいきます．もちろん山や木が動いているのではなく，列車が動いているので，相対的に（つまり乗っている人が動いていないと考えると）山や木が動いて見えるのですが，だとすると遠くの山も近くの木も，同じ速さで動くはずではないでしょうか．それなのになぜ，遠くの山はゆっくりと，近くの木は速く動くように見えるのでしょうか．

第 1 章　遠近感と三角形

実際は人が移動している

人が止まっていると考えると風景が反対方向に動いている

図 1.4

乗っている人の視線を考えてみます．

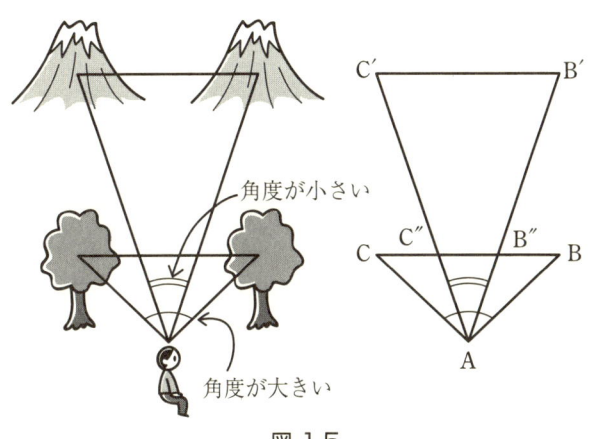

図 1.5

一定時間（たとえば1秒間）に，近くの木に向けた視線は大きく向きを変え，図のように頂角の大きな三角形を作ります（△ABC）．一方，遠くの山へ向けた視線はあまり向きを変えないので，頂角の小さな三角形ができます（△AB'C'）．この2つの三角形の底辺 BC と B'C' は実際は同じ長さなのですが，仮に山が木と同じくらい近くにあるものと考えると，山の移動を表す三角形は △AB'C' ではなく，△AB''C'' ということになり，するとこの底辺 B''C'' は BC よりずっと短くなります．同じ高さの2つの三角形では，頂角の大きい方が底辺が長くなるからです．

　列車に乗っている人は，つい窓外の山も木も，車窓という同一平面上にあるかのように錯覚してしまうので，角度の大きさがそのまま移動距離の大小を表すと感じ，木は大きく移動するのに山はあまり移動しない，つまり木は速く山はゆっくり移動する，というように感じるのです．

図 1.6

このように，三角形の角度（内角）と形・大きさには密接なつながりがあり，角度の大小を知ることで，辺や高さの長短を知ることができるのです．このようなか・ら・く・り・をきちんと記述するために考案されたのが，この本のテーマの三角関数なのです．

第2章 三角形と三角関数

§1. 三角関数の登場

 三角関数の考え方のもとになるのは，三角形の相似です．そこで三角形の相似について少し思い出しておきましょう．

 2つの図形があって，その一方を拡大または縮小すると他方にぴったりと重ねることができるとき，この2つの図形は**相似**であるといいます．

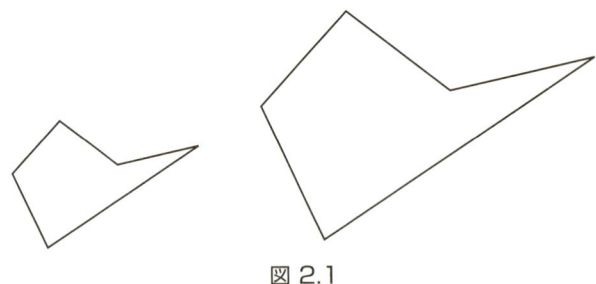

図 2.1

 ところで拡大・縮小とはどんな操作だったでしょうか．まず，線の長さはいっせいにある定数倍されますね．その定数が1より大きなときが拡大で，1より小さいときが縮小です．また線と線が交わっているとき，その交わりの角度は拡大や縮小では変わりません．

 さて2つの三角形 △ABC と △A′B′C′ が相似であるための条件として，2角が等しいことというのがありました．

第2章 三角形と三角関数

【三角形の相似条件】2角が相等しい2つの三角形は相似である

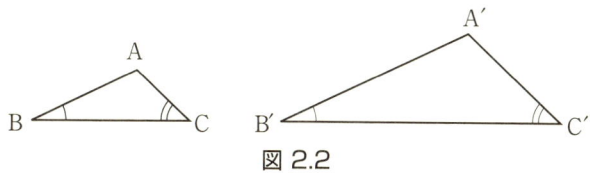

図 2.2

つまり，$\angle B = \angle B'$，$\angle C = \angle C'$ となっているとき，$\triangle ABC$ と $\triangle A'B'C'$ は相似になります．するとこのとき，$\triangle A'B'C'$ の各辺の長さは，$\triangle ABC$ の各辺の長さのある定数倍になっています．つまり，その定数を k とすると，

$$A'B' = k\,AB, \quad B'C' = k\,BC, \quad A'C' = k\,AC$$

となるということです．ここでそれぞれの三角形で辺の長さの比をとると，その比の値は2つの三角形で同じになります．実際に計算してみると，

$$\frac{A'C'}{A'B'} = \frac{k\,AC}{k\,AB} = \frac{AC}{AB}$$

$$\frac{B'C'}{A'B'} = \frac{k\,BC}{k\,AB} = \frac{BC}{AB}$$

$$\frac{A'C'}{B'C'} = \frac{k\,AC}{k\,BC} = \frac{AC}{BC}$$

といった具合です．

ここまでくると，三角関数の登場にはあと一息です．

特に直角三角形を考えましょう．$\angle C = \angle C' = 90°$ となっている2つの直角三角形 $\triangle ABC$ と $\triangle A'B'C'$ において，さら

に ∠B = ∠B′ であるとすると，2 角が相等しいことになるので △ABC と △A′B′C′ は相似になります．

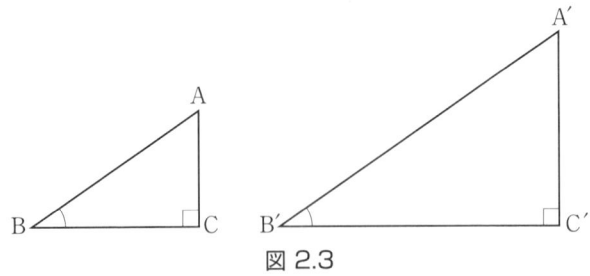

図 2.3

するとこのとき，$\dfrac{A'C'}{A'B'} = \dfrac{AC}{AB}$, $\dfrac{B'C'}{A'B'} = \dfrac{BC}{AB}$, $\dfrac{A'C'}{B'C'} = \dfrac{AC}{BC}$ が成り立つのでしたから，これらの辺の比の値は，個々の直角三角形にはよらずに決まることが分かります．あなたのノートに書かれた三角形であろうと，広いグラウンドの上に書かれた大きな三角形であろうと，あるいは宇宙空間で 3 つの星が頂点となっているような巨大な三角形であろうと，1 つの角が直角でもう 1 つの角 ∠B の値が等しければ，これらの辺の比の値は共通になるのです．

つまりこれら 3 つの値 $\dfrac{AC}{AB}$, $\dfrac{BC}{AB}$, $\dfrac{AC}{BC}$ は，∠B の値を与えるだけで決まりますので，∠B の値を変数とする関数になります．∠B の値を θ とおいて，この 3 つの関数をそれぞれ $\sin\theta, \cos\theta, \tan\theta$ と定めます．

(2.1)　　$\sin\theta = \dfrac{AC}{AB}, \quad \cos\theta = \dfrac{BC}{AB}, \quad \tan\theta = \dfrac{AC}{BC}$

ということです．

第 2 章　三角形と三角関数

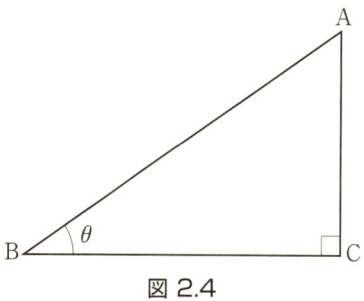

図 2.4

　sin, cos, tan はそれぞれ**サイン** (sine), **コサイン** (cosine), **タンジェント** (tangent) と読みます．日本語では sin を**正弦**, cos を**余弦**, tan を**正接**といいます．そしてこの 3 つの関数を総称して，**三角関数**と呼ぶのです．

　3 つの三角関数の間には，直ちに分かる関係があります．

$$\frac{\sin\theta}{\cos\theta} = \frac{\mathrm{AC}}{\mathrm{AB}} \div \frac{\mathrm{BC}}{\mathrm{AB}} = \mathrm{AC} \div \mathrm{BC} = \tan\theta$$

が成り立つのです．公式として改めて書いておきましょう．

(2.2) $$\tan\theta = \frac{\sin\theta}{\cos\theta}$$

　定義 (2.1) を覚えるには，次の絵を使うと便利です．

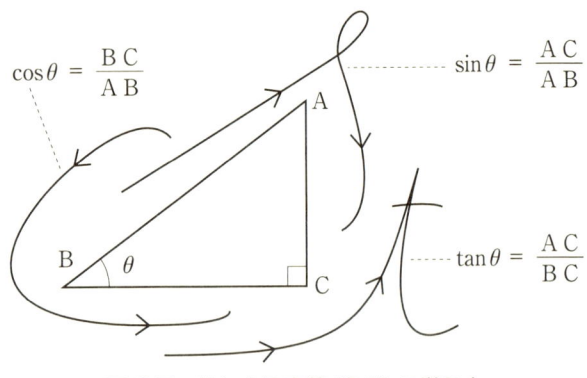

図 2.5　絵による定義 (2.1) の覚え方

ではこれら 3 つの三角関数はどのような関数なのか，とりあえずその値を少し調べてみましょう．

三角定規を考えると，特別な角度に対する三角関数の値を求めることができます．三角定規には直角二等辺三角形と正三角形の半分との 2 種類があって，それぞれ辺の比と角度が次の図のようになっています．

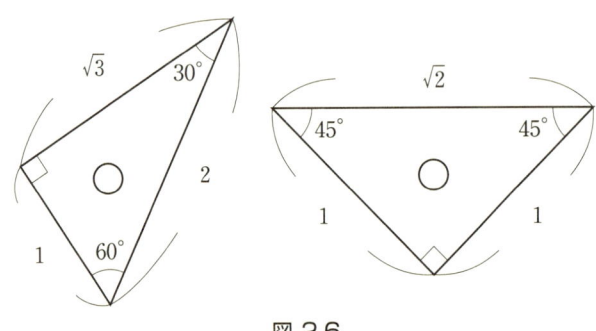

図 2.6

これらを図 2.7 のように置いて見ると，30°, 45°, 60° に対

する三角関数の値が求められます．

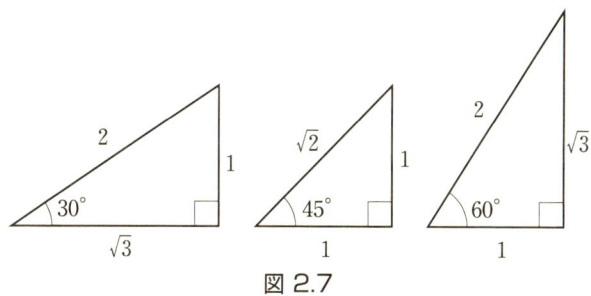

図 2.7

すなわち，

$$\sin 30° = \frac{1}{2}, \quad \cos 30° = \frac{\sqrt{3}}{2}, \quad \tan 30° = \frac{1}{\sqrt{3}}$$

(2.3) $\quad \sin 45° = \frac{1}{\sqrt{2}}, \quad \cos 45° = \frac{1}{\sqrt{2}}, \quad \tan 45° = 1$

$$\sin 60° = \frac{\sqrt{3}}{2}, \quad \cos 60° = \frac{1}{2}, \quad \tan 60° = \sqrt{3}$$

となっています．

　三角関数はいろいろな場面で使われます．三角関数の定義は，直角三角形の辺の比というわりと単純なものでしたが，この定義を直接応用する使い方がまずあります．そしてまた，三角関数は，この単純な定義からは想像もできないくらい深い性質を持っていることが明らかになっていきます．そしてその深い性質を利用して様々な現象を調べるという使い方もあるのです．
　そこで私たちは，まず定義を直接応用する使い方を見て，

それから三角関数の性質を徐々に深く調べていくことにしましょう．

《三角関数の定義を直接用いた応用》

高い木の高さとか，遠くにある木までの距離など，直接測るのが難しい量を，三角関数を使って求めることができます．

部屋の窓から，外に木が見えたとしましょう．三角関数を使うと，部屋から一歩も外に出ることなく，その木までの距離を測ることができます．

図 2.8

やり方は次の通りです．まず木に向かって立ってください．その場所をCとします．次に木とCを結ぶ線と直角の方向に何歩か進んでください．進んだ場所をBとしましょう．Bから木を見る方向と，いま歩いてきたBCという線とのなす角度が測れます．その値をθとします．それからBCの長さも

第 2 章　三角形と三角関数

測ってください．その値を a とします．

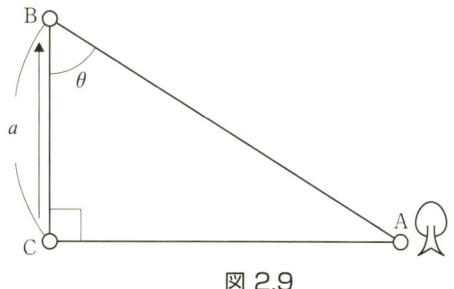

図 2.9

これで肉体労働はおしまいで，あとはデスクワークです．外の木のある場所を A とすると，3 地点 A, B, C は $\angle C = 90°$ である直角三角形 $\triangle ABC$ の頂点となっています．求めたい木までの距離は，その 1 辺の長さ AC ということになります．

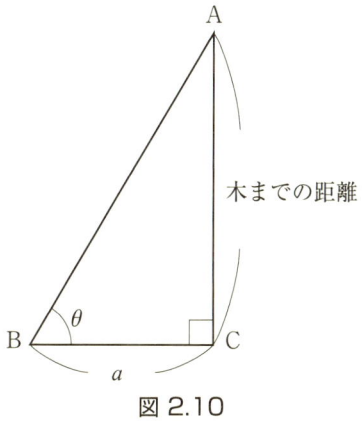

図 2.10

ここで三角関数のうちタンジェントの定義を思い出すと，

23

$$\tan\theta = \frac{\mathrm{AC}}{\mathrm{BC}}$$

でした．いま $\mathrm{BC} = a$ が分かっていて，θ の値も分かっているので，AC の値は

$$\mathrm{AC} = \mathrm{BC}\tan\theta = a\tan\theta$$

ということで求められます．$\tan\theta$ の値は，この本の巻末に載せてある三角関数表から読み取ってください．たとえ三角関数表が手元になくても，困ることはありません．自分のノートに △ABC と相似な三角形 △A′B′C′ を書いて（そのためには ∠B′ = θ さえ分かればよい），B′C′ の長さと A′C′ の長さを測って，比をとればよいのですから．

$$\tan\theta = \frac{\mathrm{A'C'}}{\mathrm{B'C'}}$$

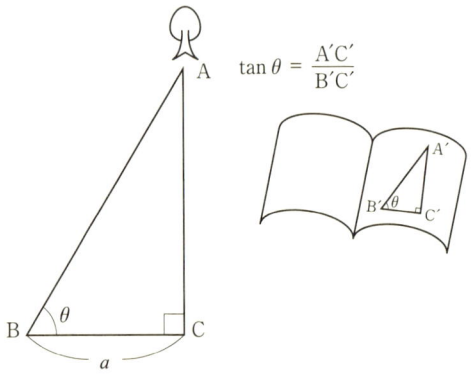

図 2.11

第2章 三角形と三角関数

《直角三角形の性質から導かれる三角関数の性質》

直角三角形の性質から，三角関数のいろいろな性質が導かれます．ここでは直ちに導かれる性質をいくつか挙げましょう．

まず，(2.3) の三角関数の値は三角定規から求めましたが，図 2.7 でやったように三角定規の置き方を変えることで 2 つの角度（30° と 60°）に対する三角関数の値が得られました．これと同じ見方をすると，

(2.4)　　$\sin(90° - \theta) = \cos\theta, \quad \cos(90° - \theta) = \sin\theta$

が成り立つことが分かります．というのは，直角三角形を裏返すと，斜辺以外の 2 つの辺が入れ替わり，そのため sin と cos が入れ替わります．また直角以外の 2 つの角度も同時に入れ替わりますが，それらの和は三角形の内角の和 180° から直角 90° を引いた残りの 90° になるからです．

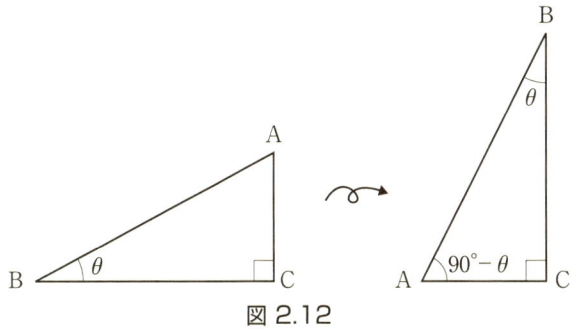

図 2.12

次に三平方の定理（ピタゴラスの定理）によると，$\angle C = 90°$ となる直角三角形 $\triangle ABC$ に対しては，

$$AC^2 + BC^2 = AB^2$$

となっています.

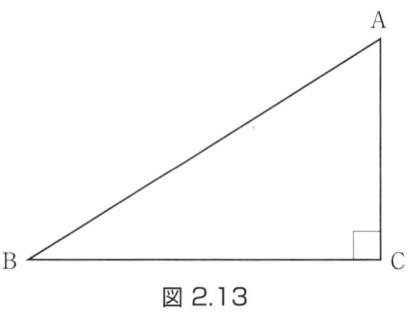

図 2.13

この両辺を AB^2 で割ってやると,

$$\frac{AC^2}{AB^2} + \frac{BC^2}{AB^2} = 1$$

となります．これを定義式 (2.1) と見比べると，三角関数に対する最も基本的な関係式

(2.5) $$\sin^2\theta + \cos^2\theta = 1$$

が得られます．ただしここで $\sin^2\theta$, $\cos^2\theta$ は，それぞれ $(\sin\theta)^2$, $(\cos\theta)^2$ のことです．（これらは由緒正しい三角関数たちに対して使われる，伝統的な表記法です）

直角三角形では斜辺がいちばん長いので，$AC < AB$, $BC < AB$ となり，これより $0 < \dfrac{AC}{AB} < 1$, $0 < \dfrac{BC}{AB} < 1$ が分かります．定義式 (2.1) によると，これは

(2.6) $$0 < \sin\theta < 1, \quad 0 < \cos\theta < 1$$

が成り立つということです．また $\tan\theta$ については，辺 BC の長さは固定しておいて，辺 AC の長さを好きな値にとることができますので，

(2.7) $$0 < \tan\theta < \infty$$

が分かります．つまり $\tan\theta$ は，正のどんな値でもとることができるのです．特に θ を $90°$ にどんどん近づけていくと，$\tan\theta$ の値はいくらでも大きな値になることが分かるでしょう．

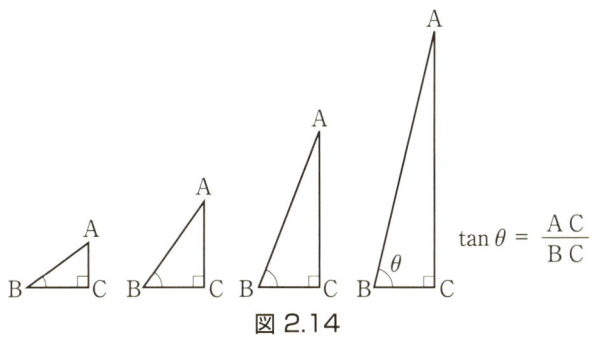

図 2.14

§2. 三角関数の加法定理

三角関数の関わる公式は，それこそ山のようにあります．それらを全部覚えるのはとても大変なことでしょうが，実はそんな必要はありません．直角三角形の辺の比であるという

三角関数の定義と，いくつかの基本的な公式さえ頭に入れておけば，いろいろな公式はそれらから導くことができるからです．

定義 (2.1)（あるいは図 2.5）と，最も基本的な公式 (2.2), (2.5) は覚えておきましょう．その次に重要な公式が，三角関数の加法定理と呼ばれる公式です．これさえ覚えておけば，あとはたいていの場面では十分間に合います．この節では，三角関数の加法定理を紹介し，それを使っていろいろな公式を導いていきます．

三角関数の加法定理には，sin の加法定理, cos の加法定理, tan の加法定理の 3 つがありますが，そのうち sin の加法定理と cos の加法定理が基本的です．それは，角度の和 $\alpha + \beta$ に対する sin や cos の値が，α および β に対する sin や cos の値で表される，という内容です．

定理 2.1 三角関数の加法定理 (sin, cos)

$$
\begin{aligned}
\sin(\alpha + \beta) &= \sin\alpha\cos\beta + \cos\alpha\sin\beta \\
\sin(\alpha - \beta) &= \sin\alpha\cos\beta - \cos\alpha\sin\beta \\
\cos(\alpha + \beta) &= \cos\alpha\cos\beta - \sin\alpha\sin\beta \\
\cos(\alpha - \beta) &= \cos\alpha\cos\beta + \sin\alpha\sin\beta
\end{aligned}
\tag{2.8}
$$

tan の加法定理は，sin, cos の加法定理と関係式 (2.2) を組み合わせると得られます．

定理 2.2 三角関数の加法定理 (tan)

$$\text{(2.9)} \quad \begin{aligned} \tan(\alpha + \beta) &= \frac{\tan \alpha + \tan \beta}{1 - \tan \alpha \tan \beta} \\ \tan(\alpha - \beta) &= \frac{\tan \alpha - \tan \beta}{1 + \tan \alpha \tan \beta} \end{aligned}$$

定理 2.2 の証明 定理 2.1 は成り立っていると仮定して，定理 2.1 から定理 2.2 を導きます．公式 (2.2) と (2.8) を使うと，

$$\begin{aligned} \tan(\alpha + \beta) &= \frac{\sin(\alpha + \beta)}{\cos(\alpha + \beta)} \\ &= \frac{\sin \alpha \cos \beta + \cos \alpha \sin \beta}{\cos \alpha \cos \beta - \sin \alpha \sin \beta} \\ &= \frac{\frac{\sin \alpha}{\cos \alpha} + \frac{\sin \beta}{\cos \beta}}{1 - \frac{\sin \alpha \sin \beta}{\cos \alpha \cos \beta}} \\ &= \frac{\tan \alpha + \tan \beta}{1 - \tan \alpha \tan \beta} \end{aligned}$$

となり，(2.9) の第 1 式が示されました．ただし 3 番目の等式は，分母分子を $\cos \alpha \cos \beta$ で割ることで得られました．$\tan(\alpha - \beta)$ についても同様に証明できます．■

このように，tan の加法定理 (2.9) は，(2.2) と (2.8) を知っていれば導けますので，無理して覚える必要はありません．本当に重要なのは，sin, cos の加法定理 (2.8) です．今度はこちらの証明を考えましょう．

定理 2.1 の証明 角度 α をもつ直角三角形と，角度 β をもつ

直角三角形を，図のように重ね，角度 $\alpha + \beta$ を作ります．このとき角度 β をもつ直角三角形の斜辺の長さを 1 としておきましょう．

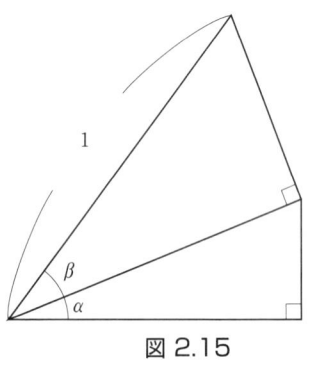

図 2.15

するといくつかの辺の長さが，三角関数の定義から分かります．結果を図に書き込んでおきます．

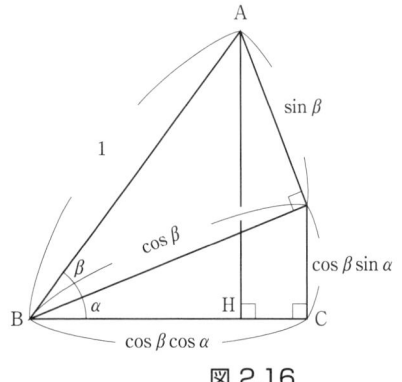

図 2.16

さて，$\sin(\alpha + \beta)$ および $\cos(\alpha + \beta)$ の値は，図のように頂

点 A から辺 BC へ下ろした垂線の足を H とするとき，

$$\sin(\alpha + \beta) = \mathrm{AH}, \quad \cos(\alpha + \beta) = \mathrm{BH}$$

で与えられることになります．（これは三角関数の定義からただちに分かることです）

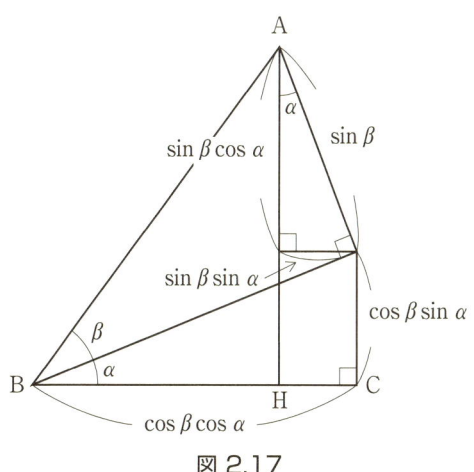

図 2.17

これらの値は，図 2.17 のように補助線を 1 本引くことで求められます．図 2.17 をよく見てもらうと，たしかに

$$\mathrm{AH} = \sin\beta\cos\alpha + \cos\beta\sin\alpha, \quad \mathrm{BH} = \cos\beta\cos\alpha - \sin\beta\sin\alpha$$

となっていますね．これで (2.8) のうち，$\sin(\alpha + \beta)$ および $\cos(\alpha + \beta)$ についての式が示されました．$\sin(\alpha - \beta)$ および $\cos(\alpha - \beta)$ についても同様にできますので，皆さんにお任せすることにしましょう．■

加法定理を使ってみましょう．

例 2.1 $\sin 75°$, $\cos 75°$ の値を求めよ．
解 $75° = 45° + 30°$ ですので，加法定理 (2.8) と既知の値 (2.3) を用いることで計算できます．まず $\sin 75°$ については，

$$\begin{aligned}
\sin 75° &= \sin(45° + 30°) \\
&= \sin 45° \cos 30° + \cos 45° \sin 30° \\
&= \frac{\sqrt{2}}{2} \cdot \frac{\sqrt{3}}{2} + \frac{\sqrt{2}}{2} \cdot \frac{1}{2} \\
&= \frac{\sqrt{6} + \sqrt{2}}{4}
\end{aligned}$$

となります．

次に $\cos 75°$ については，同様に加法定理を使うと，

$$\begin{aligned}
\cos 75° &= \cos(45° + 30°) \\
&= \cos 45° \cos 30° - \sin 45° \sin 30° \\
&= \frac{\sqrt{2}}{2} \cdot \frac{\sqrt{3}}{2} - \frac{\sqrt{2}}{2} \cdot \frac{1}{2} \\
&= \frac{\sqrt{6} - \sqrt{2}}{4}
\end{aligned}$$

が得られます．■

問 2.1 $\tan 75°$ の値を求めよ．

第 2 章　三角形と三角関数

《倍角の公式と半角の公式》

三角関数の加法定理を使って，いろいろな新しい公式を導いていきます．まずはじめは角度が 2 倍あるいは 2 分の 1 のときの三角関数の値を与える，倍角の公式と半角の公式です．

倍角の公式

(2.10) $$\sin 2\theta = 2\sin\theta\cos\theta$$

(2.11) $$\cos 2\theta = \cos^2\theta - \sin^2\theta$$

この公式は，加法定理 (2.8) において，単に $\alpha = \beta = \theta$ としたものです．

$\cos$ の方の倍角の公式 (2.11) には $\cos^2\theta$ と $\sin^2\theta$ が現れますので，公式 (2.5) を使うとどちらか一方だけが現れる形に書くことができます．つまり $\sin^2\theta = 1 - \cos^2\theta$ を (2.11) の右辺に代入すると，

$$\cos 2\theta = \cos^2\theta - (1 - \cos^2\theta) = 2\cos^2\theta - 1$$

が得られます．また $\cos^2\theta = 1 - \sin^2\theta$ を (2.11) の右辺に代入すると，

$$\cos 2\theta = (1 - \sin^2\theta) - \sin^2\theta = 1 - 2\sin^2\theta$$

が得られます．これらはいずれも利用価値の高い表現なので，公式として挙げておきましょう．

コサインの倍角の公式 —— 別な表現

(2.12) $$\cos 2\theta = 2\cos^2\theta - 1$$

(2.13) $$\cos 2\theta = 1 - 2\sin^2\theta$$

いま得られた公式 (2.12), (2.13) は，逆に読むと，$\cos\theta$ の値や $\sin\theta$ の値を，$\cos 2\theta$ で表しているという式になります．つまり 2θ から見れば，半分の角度 θ の三角関数の値についての式ということになります．その事情をはっきりさせるため，θ のところを $\dfrac{\theta}{2}$ に置き換えて，(2.12), (2.13) を書き換えてみます．(2.13) からは，

$$\cos\theta = 1 - 2\sin^2\frac{\theta}{2}$$

$$2\sin^2\frac{\theta}{2} = 1 - \cos\theta$$

$$\sin^2\frac{\theta}{2} = \frac{1-\cos\theta}{2}$$

という式が得られます．同様にして (2.12) からは，

$$\cos\theta = 2\cos^2\frac{\theta}{2} - 1$$

$$2\cos^2\frac{\theta}{2} = \cos\theta + 1$$

$$\cos^2\frac{\theta}{2} = \frac{\cos\theta + 1}{2}$$

が得られます．これらは半分の角度に対する三角関数の値を与えるので，半角の公式と呼ばれます．

半角の公式

(2.14) $$\sin^2 \frac{\theta}{2} = \frac{1 - \cos\theta}{2}$$

(2.15) $$\cos^2 \frac{\theta}{2} = \frac{\cos\theta + 1}{2}$$

半角の公式を使うと，さらにいろいろな角度に対する三角関数の値を計算することができます．

例 2.2 $\sin 15°$, $\cos 15°$ の値を求めよ．
解 半角の公式 (2.14) を使うと，

$$\sin^2 15° = \sin^2 \frac{30°}{2} = \frac{1 - \cos 30°}{2} = \frac{1 - \frac{\sqrt{3}}{2}}{2} = \frac{2 - \sqrt{3}}{4}$$

が分かります．ほしいのは $\sin 15°$ の値で，いま求めたのはそれの 2 乗の値でした．そこで少し技巧的ですが，次のような計算をします．

$$\frac{2 - \sqrt{3}}{4} = \frac{4 - 2\sqrt{3}}{8} = \frac{3 - 2\sqrt{3} + 1}{8} = \frac{(\sqrt{3} - 1)^2}{8}$$

すると，

$$\sin^2 15° = \frac{(\sqrt{3}-1)^2}{8} = \left(\frac{\sqrt{3}-1}{2\sqrt{2}}\right)^2$$

ということになります．ここで (2.6) により，$\sin 15°$ の値は正でしたから，平方根をとって

$$\sin 15° = \frac{\sqrt{3}-1}{2\sqrt{2}}$$

が得られました．上の技巧的な計算がいやなら，

$$\sin 15° = \sqrt{\frac{2-\sqrt{3}}{4}} = \frac{\sqrt{2-\sqrt{3}}}{2}$$

としても正しい答えです．

$\cos 15°$ も同様に (2.15) を使って求めます．■

《和と積を入れ替える公式》

さし当たり必要性は見えないかもしれませんが，いくつかの場合には2つの三角関数の和を2つの三角関数の積で表したり，逆に2つの三角関数の積を和で表したりすることができます．積で表されていた方がうれしい場合（値を求めるときなど），和で表されていた方がうれしい場合（積分をするときなど）両方あるので，積と和を入れ替える公式があれば便利なわけです．元になるのはやはり加法定理です．たとえばサインの加法定理

$$\sin(\alpha + \beta) = \sin\alpha\cos\beta + \cos\alpha\sin\beta$$

$$\sin(\alpha - \beta) = \sin\alpha\cos\beta - \cos\alpha\sin\beta$$

の辺々を足してやると,右辺の第 2 項が打ち消し合って,

$$\sin(\alpha + \beta) + \sin(\alpha - \beta) = 2\sin\alpha\cos\beta$$

という式が得られます.左辺は三角関数の和,右辺は三角関数の積ですから,和を積で表す式とも読めるし,積を和で表す式とも読めます.その様子をもう少しはっきり表現しましょう.$\alpha + \beta = A, \alpha - \beta = B$ とおくと,$\alpha = \dfrac{A+B}{2}, \beta = \dfrac{A-B}{2}$ となるので,

$$\sin A + \sin B = 2\sin\frac{A+B}{2}\cos\frac{A-B}{2}$$

となり,和が積で表されました.逆に積を和で表す式として表したければ,両辺を 2 で割って,左辺と右辺を入れ替え,

$$\sin\alpha\cos\beta = \frac{\sin(\alpha + \beta) + \sin(\alpha - \beta)}{2}$$

とすればよいでしょう.このように,sin, cos についての加法定理 (2.8) を用いて,和と積を入れ替える公式が得られます.

和を積で表す公式

$$(2.16) \quad \sin A + \sin B = 2 \sin \frac{A+B}{2} \cos \frac{A-B}{2}$$

$$(2.17) \quad \sin A - \sin B = 2 \cos \frac{A+B}{2} \sin \frac{A-B}{2}$$

$$(2.18) \quad \cos A + \cos B = 2 \cos \frac{A+B}{2} \cos \frac{A-B}{2}$$

$$(2.19) \quad \cos A - \cos B = -2 \sin \frac{A+B}{2} \sin \frac{A-B}{2}$$

積を和で表す公式

$$(2.20) \quad \sin \alpha \cos \beta = \frac{\sin(\alpha + \beta) + \sin(\alpha - \beta)}{2}$$

$$(2.21) \quad \cos \alpha \cos \beta = \frac{\cos(\alpha + \beta) + \cos(\alpha - \beta)}{2}$$

$$(2.22) \quad \sin \alpha \sin \beta = \frac{\cos(\alpha - \beta) - \cos(\alpha + \beta)}{2}$$

(2.16) と (2.20) だけ証明しましたが，残りの式も同様にして証明できます．(2.17) の証明には sin の加法定理を，(2.18), (2.19), (2.21), (2.22) の証明には cos の加法定理を使います．

問 2.2 (2.17), (2.18), (2.19), (2.21), (2.22) を証明せよ．

第 2 章　三角形と三角関数

《三角関数のグラフ——その 1》

　今までのところ，三角関数 $\sin\theta, \cos\theta, \tan\theta$ は，$0° < \theta < 90°$ の範囲で定義された関数です．そのグラフを描いてみましょう．いくつかの θ の値に対する三角関数の値は計算で求められていましたので，それらを足がかりにグラフの形を見てみます．

　たとえば $\sin\theta$ については，(2.3) で $\theta = 30°, 45°, 60°$ における値，例 2.1 で $\theta = 75°$ における値，例 2.2 で $\theta = 15°$ における値を求めました．$\sqrt{2} = 1.41421, \sqrt{3} = 1.73205$ という近似値を用いると，それらの値は次のように表されます．

$$\sin 15° = \frac{\sqrt{3}-1}{2\sqrt{2}} = 0.258819$$

$$\sin 30° = \frac{1}{2} = 0.5$$

$$\sin 45° = \frac{1}{\sqrt{2}} = 0.707107$$

$$\sin 60° = \frac{\sqrt{3}}{2} = 0.866025$$

$$\sin 75° = \frac{\sqrt{6}+\sqrt{2}}{4} = 0.965926$$

これらの値をプロットし，プロットした点をなめらかにつなげると，$\sin\theta$ のグラフが出来上がります．

図 2.18

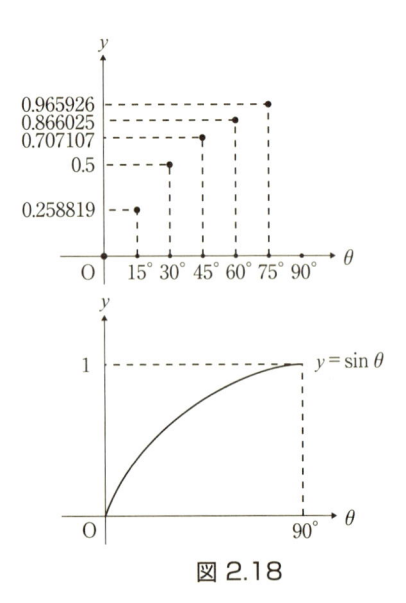

$\cos\theta$ のグラフは，関係式 (2.4)，つまり $\cos\theta = \sin(90° - \theta)$ を使うと，$\sin\theta$ のグラフを裏返したような形で得られることが分かります．

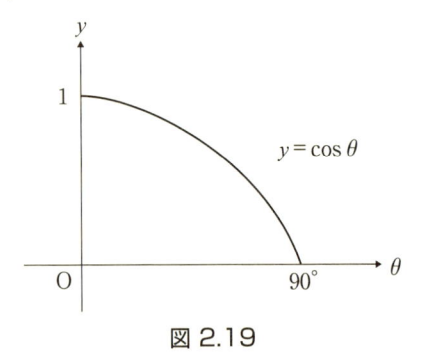

図 2.19

第 2 章 三角形と三角関数

$\tan\theta$ については，$\sin\theta \div \cos\theta$ によって値を計算し，点をプロットして描くことができます．ここでは結果だけを与えておきましょう．

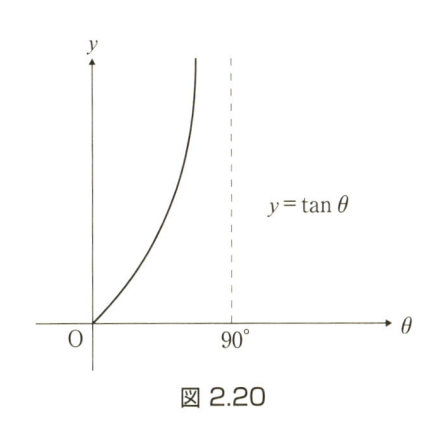

図 2.20

§3. 正弦定理，余弦定理

三角関数は，直角三角形の辺の比として定義されました．直角三角形でない三角形においては，辺の比をとってもそのままでは三角関数の値にはなりませんが，辺の長さと sin や cos の頂角における値の間にはいくつかの関係式が成り立ちます．

たとえば鋭角三角形 △ABC を考えましょう．鋭角三角形とは，3 つの角度がいずれも鋭角（0° と 90° の間の角度）となっている三角形のことです．頂点 A から辺 BC に下ろした垂線の足を D とすると，ここに 2 つの直角三角形 △ABD と

△ACD が現れます.

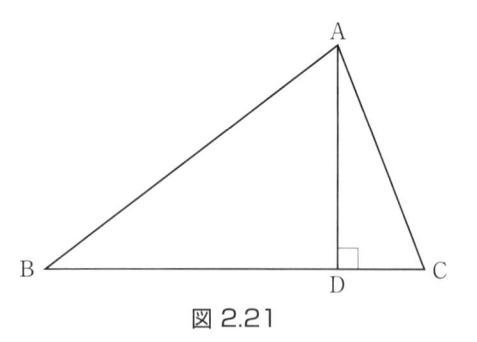

図 2.21

さてここで sin の定義を思い出すと,

$$\sin B = \frac{AD}{AB}, \quad \sin C = \frac{AD}{AC}$$

となることが分かります. これらより,

$$AD = AB \sin B = AC \sin C$$

が得られます. ここで補助的に持ち出した点 D のことは忘れて, $AB \sin B = AC \sin C$ のところだけを見ると, この関係式は

$$\frac{AB}{\sin C} = \frac{AC}{\sin B}$$

と表せることが分かります. 辺 AB は △ABC において頂点 C の対辺ですから, その長さは慣例により C の小文字の c で表されます. 同じく辺 AC の長さは, 頂点 B の対辺ということで b で表されます. するといま得られた関係式は, 次のよ

うなとても美しい形で表されます．

$$\frac{c}{\sin C} = \frac{b}{\sin B}$$

同様の考察を，頂点 B から辺 AC へ垂線を下ろした場合に行うと，辺 BC の長さを a で表したとき，

$$\frac{a}{\sin A} = \frac{b}{\sin B}$$

が成り立つことが分かります．従ってこれらをまとめると，次の定理になります．

定理 2.3（正弦定理） 鋭角三角形 △ABC において，

(2.23) $$\frac{a}{\sin A} = \frac{b}{\sin B} = \frac{c}{\sin C}$$

が成り立つ．

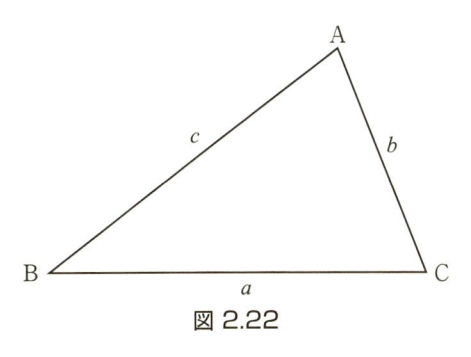

図 2.22

三角形には鋭角三角形のほかに，直角三角形と鈍角三角形

があります．鈍角三角形とは，1つの角度が鈍角（90°と180°の間の角度）となっている三角形のことです．直角三角形や鈍角三角形に対しては，正弦定理は成り立つのでしょうか．それを考えるには，まず，直角や鈍角に対する sin の値を定義する必要があります．この考察は次の第3章で行いましょう．

正弦定理は（鋭角）三角形の辺と角度の間に成り立つ関係式でしたが，三角形の辺と角度の間にはもう1つ重要な関係式が成り立ちます．それは余弦定理と呼ばれる次の定理です．

定理 2.4（余弦定理） 鋭角三角形 $\triangle \mathrm{ABC}$ において

$$
\begin{aligned}
c^2 &= a^2 + b^2 - 2ab\cos \mathrm{C} \\
b^2 &= c^2 + a^2 - 2ca\cos \mathrm{B} \\
a^2 &= b^2 + c^2 - 2bc\cos \mathrm{A}
\end{aligned}
\tag{2.24}
$$

が成り立つ．

証明 図 2.22 の通り，$\mathrm{BC}=a, \mathrm{CA}=b, \mathrm{AB}=c$ とします．図 2.21 と同様に頂点 A から辺 BC に下ろした垂線の足を D とし，直角三角形 $\triangle \mathrm{ACD}$ を考えます．すると三角関数の定義より

$$\mathrm{AD} = b\sin \mathrm{C}, \quad \mathrm{CD} = b\cos \mathrm{C}$$

となることが分かります．

第 2 章　三角形と三角関数

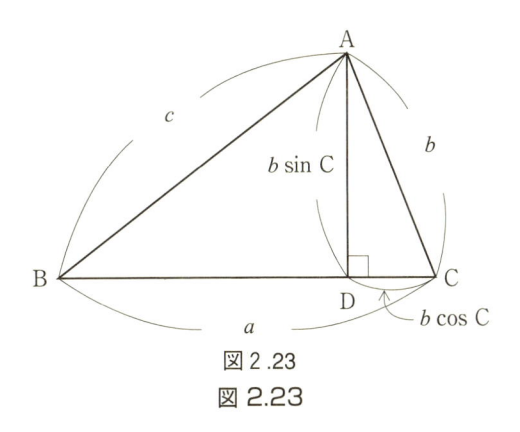

図 2.23

図 2.23

このとき $BD = a - b\cos C$ となるので，もう 1 つの直角三角形 $\triangle ABD$ について三平方の定理（ピタゴラスの定理）を考えると

$$c^2 = (a - b\cos C)^2 + (b\sin C)^2$$
$$= a^2 - 2ab\cos C + b^2\cos^2 C + b^2\sin^2 C$$
$$= a^2 + b^2 - 2ab\cos C$$

となり，定理の第 1 式が得られました．第 2，3 式は，A，B，C の役割を入れ替えてやれば同様に証明されます．■

　正弦定理も余弦定理もいろいろと役立つ大事な定理です．正弦定理が活躍する場面は，次の節で紹介します．余弦定理は，正弦定理よりもさらに応用される機会の多い定理と思われます．というのは，三角形の 3 つの辺の長さを用いて 3 つの角度の cos の値がダイレクトに表されるからです．

例 2.3 AB= 5cm, BC= 6cm, CA= 4cm である三角形 △ABC について，$\cos \mathrm{C}$ の値を求めよ．

解 $a = 6$cm, $b = 4$cm, $c = 5$cm として余弦定理の第 1 式を用いると，

$$\cos \mathrm{C} = \frac{a^2 + b^2 - c^2}{2ab} = \frac{36 + 16 - 25}{2 \cdot 6 \cdot 4} = \frac{9}{16}$$

が得られる．■

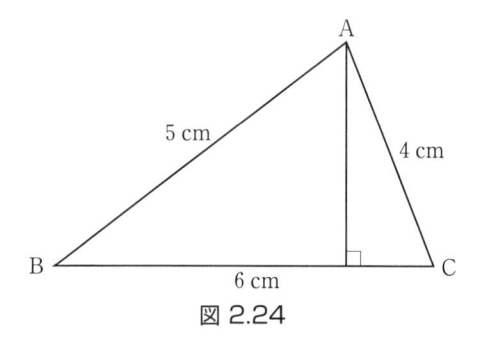

図 2.24

3 辺の長さが分かって 1 つの角度の $\cos$ の値が分かると，三角形の面積が求められます．上の例の三角形で考えてみると，底辺を BC とするとその長さは $a = 6$cm で，高さが $b \sin \mathrm{C}$ となります．ここで $\sin \mathrm{C}$ の値は，関係式 (2.5) により $\cos \mathrm{C}$ を用いて計算できます．

$$\sin \mathrm{C} = \sqrt{1 - \cos^2 \mathrm{C}} = \sqrt{1 - \left(\frac{9}{16}\right)^2} = \sqrt{\frac{175}{16^2}} = \frac{5\sqrt{7}}{16}$$

したがって △ABC の面積は，

第 2 章 三角形と三角関数

$$6 \times 4 \cdot \frac{5\sqrt{7}}{16} \times \frac{1}{2} = \frac{15\sqrt{7}}{4}$$

となります.

この手続きは,どんな鋭角三角形にも通用します.したがって,3 辺の長さから三角形の面積が求められることになるのです.3 辺の長さを a, b, c とします.余弦定理より

$$\cos C = \frac{a^2 + b^2 - c^2}{2ab}$$

となり,これから $\sin C$ の値が関係式 (2.5) を用いて計算されます.

$$\sin C = \sqrt{1 - \cos^2 C} = \sqrt{1 - \frac{(a^2 + b^2 - c^2)^2}{(2ab)^2}}$$

$$= \frac{\sqrt{(2ab)^2 - (a^2 + b^2 - c^2)^2}}{2ab}$$

ここで $\sqrt{}$ の中身を計算しておきましょう.

$$\begin{aligned}
(2ab)^2 - (a^2 + b^2 - c^2)^2 &= (2ab + (a^2 + b^2 - c^2)) \\
&\quad \times (2ab - (a^2 + b^2 - c^2)) \\
&= ((a+b)^2 - c^2)(c^2 - (a-b)^2) \\
&= (a + b + c)(a + b - c) \\
&\quad \times (c + a - b)(c - a + b)
\end{aligned}$$

さて求める面積は $a \times b \sin C \times \dfrac{1}{2}$ ですから,

$$a \times b \dfrac{\sqrt{(a+b+c)(a+b-c)(c+a-b)(c-a+b)}}{2ab} \times \dfrac{1}{2}$$

$$= \dfrac{\sqrt{(a+b+c)(a+b-c)(c+a-b)(c-a+b)}}{4}$$

となり，完全に 3 辺の長さのみで表されました．なお

$$s = \dfrac{a+b+c}{2}$$

という量を導入すると,

$$a+b+c = 2s,\ a+b-c = 2(s-c),$$
$$c+a-b = 2(s-b),\ c-a+b = 2(s-a)$$

と表せることから，上の面積は

$$\dfrac{\sqrt{2^4 s(s-a)(s-b)(s-c)}}{4} = \sqrt{s(s-a)(s-b)(s-c)}$$

というすっきりした形で表されます．

以上の結果をまとめておきましょう．

定理 2.5 3 辺の長さが a, b, c である鋭角三角形の面積を S とすると,

$$(2.25)\ S = \dfrac{\sqrt{(a+b+c)(b+c-a)(c+a-b)(a+b-c)}}{4}$$

が成り立つ.

$$s = \frac{a+b+c}{2}$$

とすると, S の値は

(2.26) $$S = \sqrt{s(s-a)(s-b)(s-c)}$$

とも表される.

(2.26) はヘロンの公式と呼ばれます.

§4. ケプラーの惑星の法則と三角関数

　私たちは,テレビ・電話・自動車・飛行機などといった科学文明の恩恵を存分に受けながら生活しています.しかしほんの 200 年前までは,電灯も自動車もまったくありませんでした.わずかの間にこれほどの科学文明が築き上げられたのは,ほんとうに驚くべきことです.科学の発展の壮大な物語についてはここで語ることはできませんが,それはもちろん誰かが一挙に作り上げたものではなく,多くの人々による発見・発明・研究の積み重ねです.そのうちの 1 つの発見について,語ろうと思います.そこには三角関数(正弦定理)が登場するからです.

　科学の発展の歴史は 1 つ 1 つの発見などの積み重ねであるといいましたが,その中にはそれまでの世界観を一変させるようなブレークスルーが何度かありました.その最大のもの

は，ニュートンによるニュートン力学の建設であろうと思いますが，ニュートン以前におそらく最初のブレークスルーをなしたのがケプラーです．

ケプラーは1571年に生まれ，1630年に亡くなっていて，ニュートンは1643年の生まれです．ケプラーは，師のティコ=ブラーエが観測で得たデータを元に，宇宙空間の中で惑星がどのように運行するのかを解明しました．惑星とは地球，火星，木星，土星など，太陽の周りを回っている天体のことです．

ケプラー以前には，惑星が太陽の周りを回るときの通り道（軌道）は，円の組み合わせで表される図形であると考えられていました．ケプラーは，惑星の軌道はそのような図形ではなく，**楕円**であるということを発見したのです．これを**ケプラーの第1法則**といいますちなみに楕円（長円ともいう）とは，2定点からの距離の和が一定であるような点の軌跡で，やさしく言い換えるなら，糸の両端を固定しておいて，その糸に鉛筆を引っかけ，いつでも糸がピンと張っているようにしながら描いた図形が楕円です．2定点，つまり糸の両端のことを，その楕円の**焦点**といいます．

第 2 章 三角形と三角関数

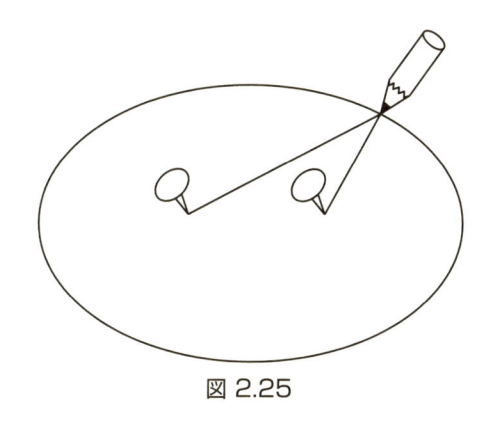

図 2.25

　円でも楕円でも大した違いはないと思われるかもしれませんが，ケプラー以前の学者たちは，神の創造物であるところの星の軌道は，完全な図形である円で表されるはずだ，という先入観にとらわれ，それ以外の可能性に思い至ることがありませんでした．ケプラーは人間の思惑ではなく観測結果を尊重し，それを幾何学的思考を駆使して読み取り，その結果楕円という結論を得たのです．

　なおニュートンは運動法則，すなわちどのような力が加わったとき物体はどのような運動をするのかを記述する法則を発見しましたが，その法則により惑星の軌道が楕円となることが示され，ケプラーの法則を立証したと同時に，自身の運動法則が正しいことを知らしめたのです．

　前置きが長くなりました．これから，ケプラーがどのようにして惑星の軌道の形を見つけ出したかお話ししていきましょう．この節の内容は，朝永振一郎著『物理学とは何だろうか

(上)』(岩波新書) に基づいています.この本は皆さんに是非読んでいただきたい名著です.以下の説明は,朝永先生の本の該当個所 (37〜41 ページ) から,軌道の形を求めるところを抜き出して単純化し,三角関数を登場させて再構成したものです.

まず想像してみてください.ティコ=ブラーエの観測結果とは,どの星がいつどの角度の方向に見えたか,という数値の集まりです.角度と距離が分かれば宇宙空間における星の位置を特定することができますが,地球上の人間に分かるのは角度だけです.なのにどのようにして星の位置を求めることができたのでしょうか.

ケプラーは,次のような方法で火星の軌道を求めました.地球は太陽の周りを 365 日かけて 1 周します.火星が太陽の周りを 687 日かけて 1 周することも知られていました.さて,太陽と地球と火星がこの順に一直線上に並ぶことを「衝」といいます.ある衝の瞬間を考え,そのときの地球の位置を E_0,火星の位置を M_0 とします.太陽の位置は不変で,S としておきます.

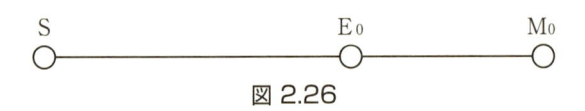

図 2.26

いま考えた衝から 687 日たつと何が起こるでしょうか.火星は太陽の周りを 1 周して,元の位置 M_0 に戻ってきます.地球は元とは違う位置 E_1 にいます.

第 2 章 三角形と三角関数

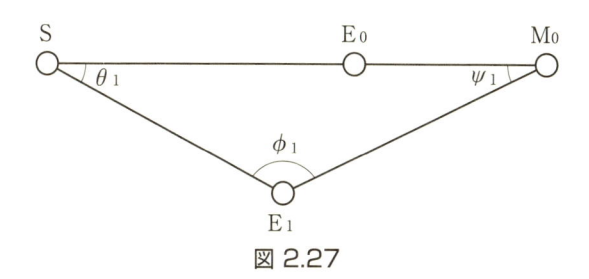

図 2.27

角度 $\angle E_0 SE_1 = \theta_1$ は，地球から太陽を見るときの角度の変化として分かります．一方角度 $\angle SE_1 M_0 = \phi_1$ の方は，ティコ=ブラーエの観測データから知ることができます．三角形 $\triangle SM_0 E_1$ における 2 つの角が分かりましたから，この三角形の形が決まります．ここでこの三角形 $\triangle SM_0 E_1$ に対して正弦定理を適用します．残りの角度 $\angle SM_0 E_1 = \psi_1$ は

$$\psi_1 = 180° - \theta_1 - \phi_1$$

により求められ，正弦定理により

$$\frac{\sin \phi_1}{SM_0} = \frac{\sin \theta_1}{M_0 E_1} = \frac{\sin \psi_1}{SE_1}$$

が成り立ちます．この式から

$$SE_1 = \frac{\sin \psi_1}{\sin \phi_1} SM_0$$

が得られます．つまりはじめの衝から 687 日後の太陽と地球の距離 SE_1 が，はじめの衝のときの太陽と火星の距離 SM_0 を用いて表されたのです．

さらに 687 日たつと，火星はやはり M_0 におり，地球は今度は E_2 という位置にいます．

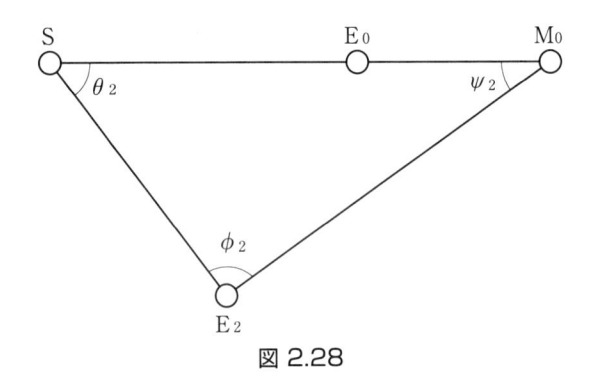

図 2.28

すると同様にして，

$$SE_2 = \frac{\sin \psi_2}{\sin \phi_2} SM_0$$

となることが分かるでしょう．ただし ψ_2, ϕ_2 は図 2.28 に記された角度で，いずれも観測により分かる量です．

この操作を何回も繰り返していくと，はじめの衝から $687 \times n$ 日後の地球の位置 E_n について，太陽との距離 SE_n を SM_0 を単位として知ることができます．また角度 $\angle M_0 SE_n = \theta_n$ も分かるので，E_n の位置が分かることになります．つまりノートに適当な長さの SM_0 という線を引けば，E_n の位置をそのノートの上にプロットしていくことができるのです．

第 2 章 三角形と三角関数

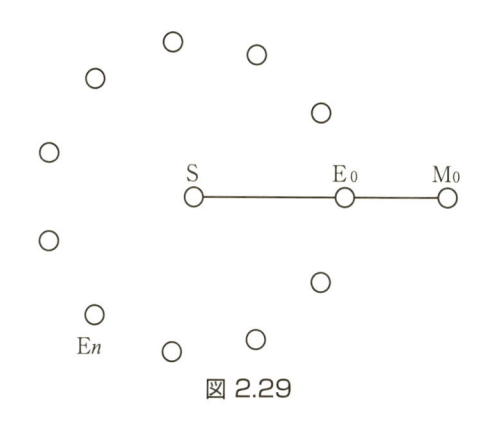

図 2.29

　地球の軌道は，このプロットされた点をすべて通る曲線でなくてはなりません．そのように探していくと，地球の軌道はほぼ円としてよいことが分かりました．太陽はその円の中心から，ほんのわずかだけずれた位置にありました．

　あれ？　火星の軌道を求めるつもりが，地球の軌道を求めてしまった？　いえ，これは，火星の軌道を求めるための第 1 段なのです．地球の軌道を利用することで，火星の軌道が求められるのです．ではその第 2 段に進みましょう．

　第 2 の衝を考えます．そのときの火星の位置を M_1，地球の位置を E_0^1 としましょう．第 1 段で行った操作を，この場合にも行います．つまり第 2 の衝から 687 日後を考えると，火星の位置は M_1 のままで，地球は新しい位置 E_1^1 に来ています．

55

図 2.30

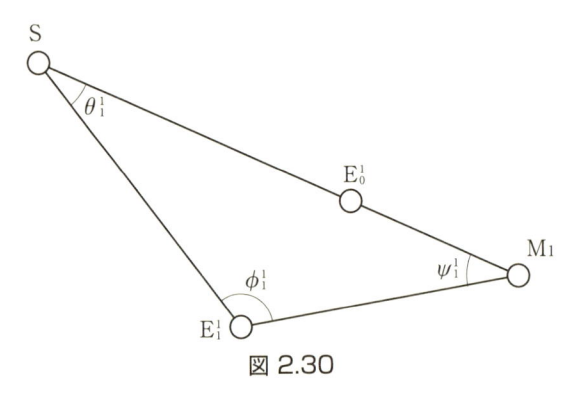

そして図 2.30 の角度 θ_1^1, ϕ_1^1 が分かるので，やはり正弦定理を使うことで

$$SE_1^1 = \frac{\sin \psi_1^1}{\sin \phi_1^1} SM_1$$

が得られます．ただし $\psi_1^1 = 180° - \theta_1^1 - \phi_1^1$ です．ところが今度は地球の軌道が求まっているので，左辺の SE_1^1 の値は分かります．だからこの式は，SM_1 の値を与える式ということになります．さらに $\angle M_0 SM_1$ は $\angle E_0 SE_0^1$ に等しいので，その値も分かります．こうして先のノートの上に，M_1 の位置をプロットすることができます．

この操作を繰り返していくと，第 n の衝のときの火星の位置 M_n が分かり，ノートにプロットすることができます．そして火星の軌道は，すべての点 M_n を通る曲線でなくてはならず，そのような曲線として楕円が浮かび上がったのです．そしてその楕円の 2 つある焦点のうちの 1 つに，太陽 S があることが分かりました．すると，ほぼ円に近いとしていた地

球の軌道も，2つの焦点が非常に接近した楕円であり，太陽はやはりその焦点に位置していたことも分かりました．これが太陽の位置が円と見なした地球の軌道の中心から少しずれていた理由です．ケプラーの第1法則は，次の形で述べられます．

「惑星は，太陽を1つの焦点とする楕円軌道を描いて運行する」

　なお実際にケプラーが行った考察では，地球や火星の位置と同時にそれらが軌道を動く速度も合わせて調べ，それによって楕円を見つけ出しているのですが，ここでは簡略化して速度に関する部分を省きました．

　ケプラーの法則は世紀の大発見で，発見に至るアイデアも驚嘆すべきものですが，その根底のところでは正弦定理のような数学の考え方が使われていたのです．そしてまた，そのおかげで，我々もその発見の道筋を辿ることができたのです．

第3章　円と三角関数

§1. 円を用いた三角関数

　三角関数は直角三角形を用いて定義したので，角度でいえば $0° < \theta < 90°$ の範囲に対してだけ定義されていました．これから，その範囲を $0° \leqq \theta \leqq 360°$ まで広げます．そのため，直角三角形の代わりに円を用いることにします．

　xy–平面に，原点を中心とする半径1の円を描きます．この円を**単位円**といいます．円周上に1点Pを取ります．x軸の正の部分から，時計と反対回りに線分OPまでの角度を測り，それを θ としましょう．Pが第1象限にあるときは $0° < \theta < 90°$，第2象限にあるときは $90° < \theta < 180°$，第3象限にあるときは $180° < \theta < 270°$，第4象限にあるときは $270° < \theta < 360°$ です．

第 3 章 円と三角関数

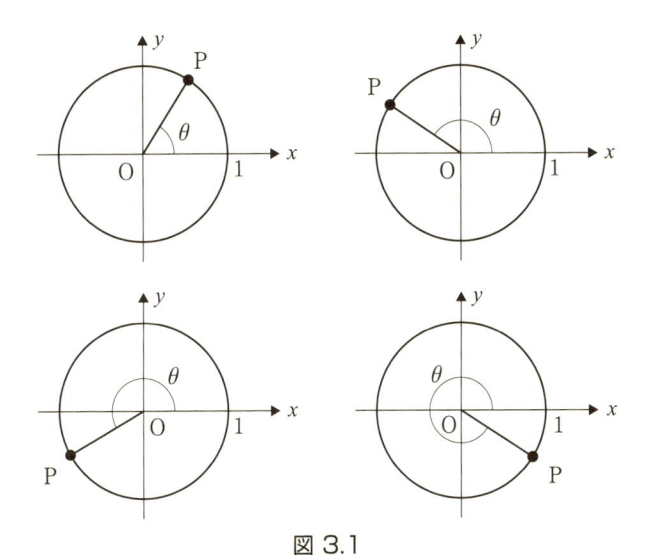

図 3.1

さて，P の座標を (a, b) とするとき，θ に対する $\sin\theta, \cos\theta$ の値を

(3.1) $$\sin\theta = b, \quad \cos\theta = a$$

と定めます．これが定義です．

図 3.2

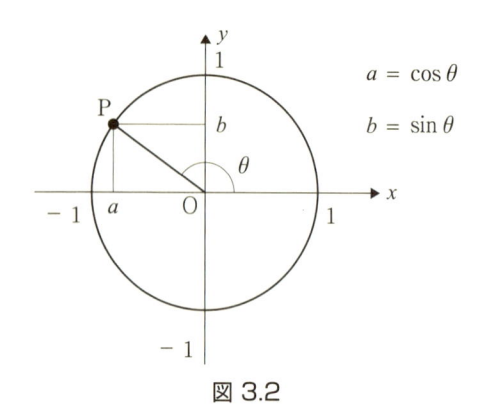

この定義でまず気になるところは，すでに定義されている $0° < \theta < 90°$ の範囲に対して，新しい定義と古い定義が同じになっているかどうかです．確かめてみましょう．点 P を第 1 象限に取ります．このとき $0° < \theta < 90°$ となります．P から x 軸へ下ろした垂線の足を Q としましょう．すると $\angle Q = 90°$ となる直角三角形 $\triangle POQ$ ができます．P の座標が (a, b) で，また P が半径 1 の円周上にあるので，

$$OQ = a, \quad PQ = b, \quad OP = 1$$

となります．すると $\angle POQ = \theta$ について $\sin\theta, \cos\theta$ の値は，古い定義で計算すると

$$\sin\theta = \frac{PQ}{OP} = \frac{b}{1} = b,$$
$$\cos\theta = \frac{OQ}{OP} = \frac{a}{1} = a$$

第 3 章　円と三角関数

となって，新しい定義と同じになりました．

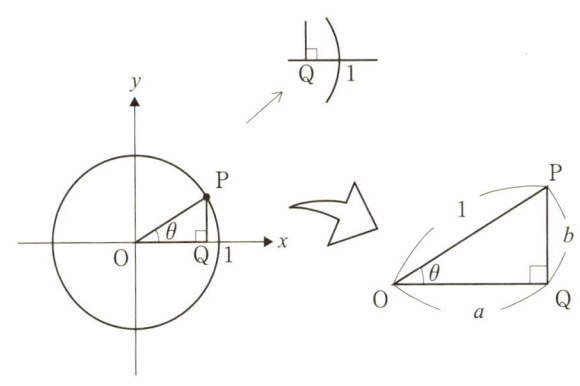

図 3.3

　これで $0° < \theta < 90°$ の範囲に対しては古い定義と新しい定義が一致することが分かりましたが，新しい範囲 $90° \leqq \theta \leqq 360°$ に対してなぜ (3.1) と定義するのか，疑問に思われるかもしれません．まだ定義されていない範囲に対して定義するのだからどう定義しても勝手である，とも言えますが，実は自然な定義は (3.1) に限ることが分かります．その説明には「複素関数論」という理論を学ぶ必要があるのでここではできませんが，あとでこの定義が自然なものであると思われる状況証拠をいくつか挙げることにします．

　とりあえず定義 (3.1) を使って，新しい範囲の角度に対する sin や cos の値がどうなるのかを見てみましょう．

　まず，点 P が単位円上にあるので，その x 座標と y 座標の値は -1 と 1 の間に限られます．このことから

(3.2) $\qquad -1 \leqq \sin\theta \leqq 1, \quad -1 \leqq \cos\theta \leqq 1$

が分かります.さらに $\sin\theta$ は P の y 座標, $\cos\theta$ は P の x 座標なので,その正負の符号は図 3.4 の様になります.つまり

$$
\begin{aligned}
0° < \theta < 180° \quad &\text{のとき} \quad \sin\theta > 0 \\
180° < \theta < 360° \quad &\text{のとき} \quad \sin\theta < 0 \\
(3.3) \qquad 0° < \theta < 90° \quad &\text{のとき} \quad \cos\theta > 0 \\
90° < \theta < 270° \quad &\text{のとき} \quad \cos\theta < 0 \\
270° < \theta < 360° \quad &\text{のとき} \quad \cos\theta > 0
\end{aligned}
$$

ということです.ただし (3.3) を覚える必要はなく,図 3.4 を思い浮かべられれば十分です.

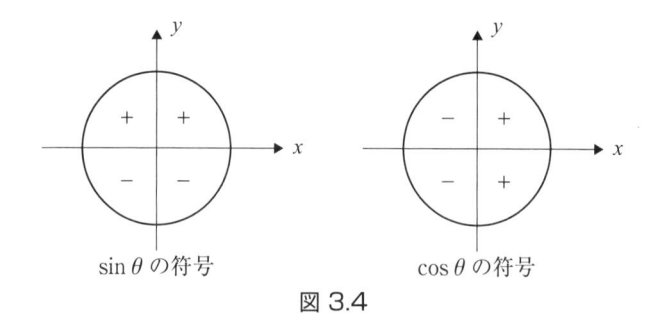

図 3.4

次に,点 P が特別な位置にあるときを考えましょう.すなわち単位円と座標軸が交わる 4 点 $(1,0),(0,1),(-1,0),(0,-1)$ を考えると,それぞれ θ の値が $0°, 90°, 180°, 270°$ の場合になっていますので,(3.1) により

第 3 章 円と三角関数

$$
\begin{aligned}
&\sin 0° = 0, &&\cos 0° = 1 \\
&\sin 90° = 1, &&\cos 90° = 0 \\
&\sin 180° = 0, &&\cos 180° = -1 \\
&\sin 270° = -1, &&\cos 270° = 0
\end{aligned}
\tag{3.4}
$$

となります．$\theta = 360°$ に対しては，P の位置は $0°$ のときと同じ $(1, 0)$ ですので，

$$
\sin 360° = \sin 0° = 0, \quad \cos 360° = \cos 0° = 1 \tag{3.5}
$$

となります．

問 3.1 $\theta = 135°$ に対する点 P の位置を考えることで，$\sin 135°$, $\cos 135°$ の値を求めよ．

このように定義 (3.1) は，単位円という図形を用いているため，三角関数の値を視覚的にとらえることができるという点で優れています．この利点をさらに利用すると，新しい範囲 $90° \leqq \theta \leqq 360°$ に対する $\sin, \cos$ の値を，$0° \leqq \theta \leqq 90°$ における値で表すことができます．以下しばらくの間，θ の値は $0° \leqq \theta \leqq 90°$ の範囲にあるものとしましょう．するとたとえば，$90°$ と $180°$ の間の角度は $180° - \theta$ と表すことができますが，図 3.5 を見ると分かるように θ に対応する単位円上の点と $180° - \theta$ に対応する単位円上の点は y 軸に関して対称の位置にあります．ということはこの 2 点の y 座標は同じで，x 座標は絶対値が同じで符号が反対ということになるので，定義 (3.1) によって

(3.6) $$\begin{cases} \sin(180° - \theta) = \sin\theta \\ \cos(180° - \theta) = -\cos\theta \end{cases}$$

が得られます．

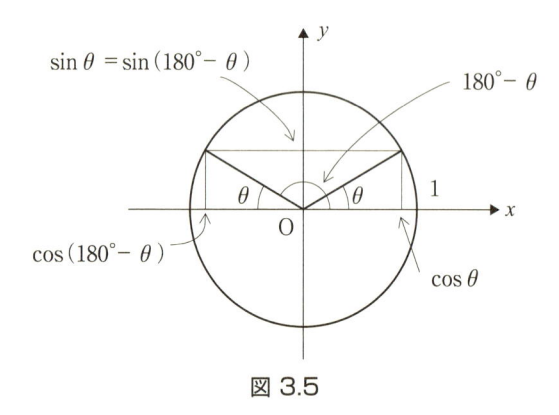

図 3.5

同様に図 3.6 を使って考えると，次の関係式が得られます．

(3.7) $$\begin{cases} \sin(180° + \theta) = -\sin\theta \\ \cos(180° + \theta) = -\cos\theta \end{cases}$$

(3.8) $$\begin{cases} \sin(360° - \theta) = -\sin\theta \\ \cos(360° - \theta) = \cos\theta \end{cases}$$

第 3 章　円と三角関数

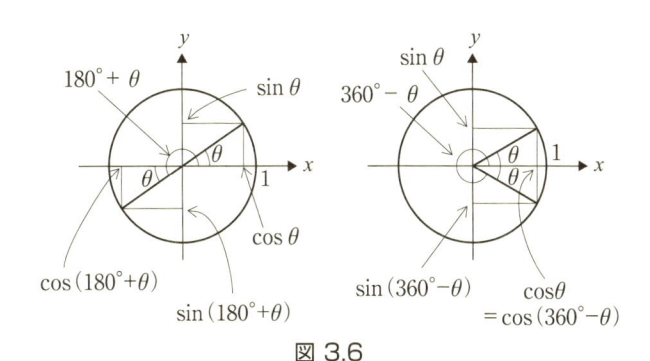

図 3.6

　これらの関係式は無理に覚えなくても，図 3.5 や図 3.6 を思い浮かべればその都度導くことができます．

問 3.2　$0° \leqq \theta \leqq 90°$ とするとき，

$$\sin(90° + \theta),\ \cos(90° + \theta)$$

を $\sin\theta, \cos\theta$ を用いて表せ．

　こうして $\sin\theta, \cos\theta$ は $0° \leqq \theta \leqq 360°$ の範囲で定義された関数となりました．そのグラフをここで与えておきましょう．

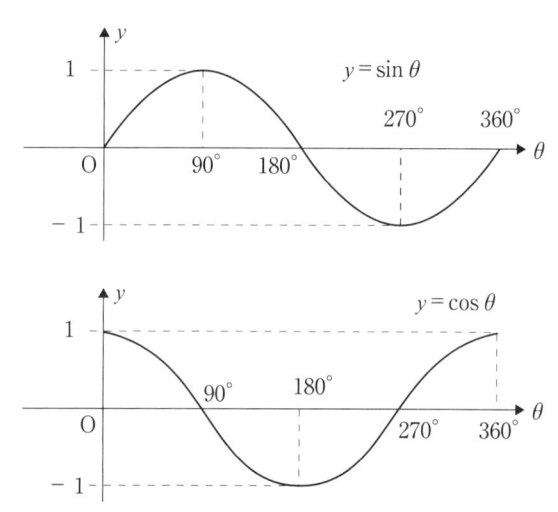

図 3.7 《三角関数 ($\sin\theta, \cos\theta$) のグラフ——その 2》

ここまでは $\sin\theta, \cos\theta$ について，$0° \leqq \theta \leqq 360°$ の範囲に対する定義を考えてきました．もう 1 つの三角関数 $\tan\theta$ の定義はどうするのでしょうか．この範囲に対する $\tan\theta$ の定義は，基本的には $0° < \theta < 90°$ のときと同様に $\tan\theta = \dfrac{\sin\theta}{\cos\theta}$ とします．ただしこの定義には少し問題があります．というのは分母に来ている $\cos\theta$ が，新しい範囲 $0° \leqq \theta \leqq 360°$ においては，(3.4) にもあるように $\theta = 90°$ および $\theta = 270°$ のときに 0 になってしまうのです．だから $\theta = 90°, 270°$ に対しては $\tan\theta$ は定義できません．したがってあらためて定義を書くと，

(3.9) $$\tan\theta = \frac{\sin\theta}{\cos\theta} \quad (\theta \neq 90°, 270°)$$

ということになります．

$\sin\theta, \cos\theta$ の値の範囲が (3.2) にあるように -1 と 1 の間なので，$\tan\theta$ は $-\infty$ から ∞ までの間のあらゆる実数値をとります．

(3.10) $$-\infty < \tan\theta < \infty$$

その正負の符号は，(3.9) を見ると，$\sin\theta$ と $\cos\theta$ の符号が同じときに $+$，異なっているときに $-$ となることが分かります．つまり単位円上の点 P が第 1, 3 象限にあるときに $+$，第 2, 4 象限にあるときに $-$ です．式で表すと煩わしいので，図示することにしましょう．

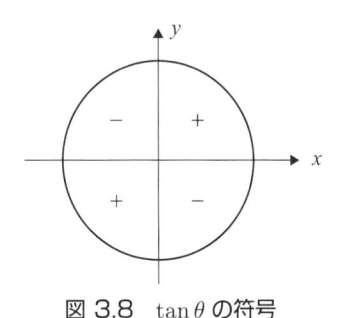

図 3.8 $\tan\theta$ の符号

新しい範囲に対する $\tan$ の値は，(3.6), (3.7), (3.8) を用いることで，$0° \leqq \theta < 90°$ に対する値によって表すことができます．

$$(3.11) \begin{cases} \tan(180° - \theta) = -\tan\theta \\ \tan(180° + \theta) = \tan\theta \qquad (0° \leqq \theta < 90°) \\ \tan(360° - \theta) = -\tan\theta \end{cases}$$

これを用いると，$0° \leqq \theta \leqq 360°$ の範囲における $\tan\theta$ のグラフを描くことができます．

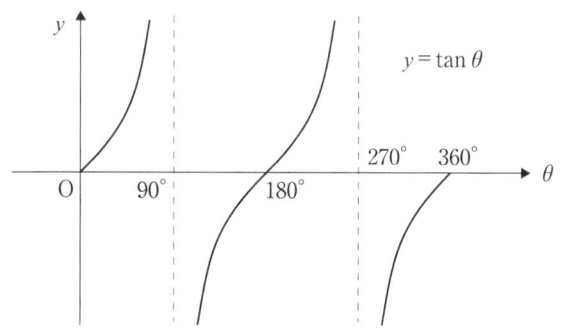

図 3.9 《三角関数 ($\tan\theta$) のグラフ——その 2》

新しい定義では，$\sin\theta$ や $\cos\theta$ の値は単位円上の点の座標として図形的に明示されます．そこで $\tan\theta$ の値も，図形的に明示することができないか，考えてみましょう．

xy–平面に単位円を描き，さらに点 (1,0) を通り y 軸に平行な直線 ℓ を描きます．単位円上に点 P を取り，対応する角度を θ とするのは今までと同様です．まず P が第 1 象限にある場合，すなわち $0° < \theta < 90°$ の場合を考えましょう．図 3.3 のときと同様に，P から x 軸に下ろした垂線の足を Q とします．さらに直線 OP と ℓ との交点を P′，x 軸と ℓ との交点（つまり点 (1,0)）を Q′ とします．

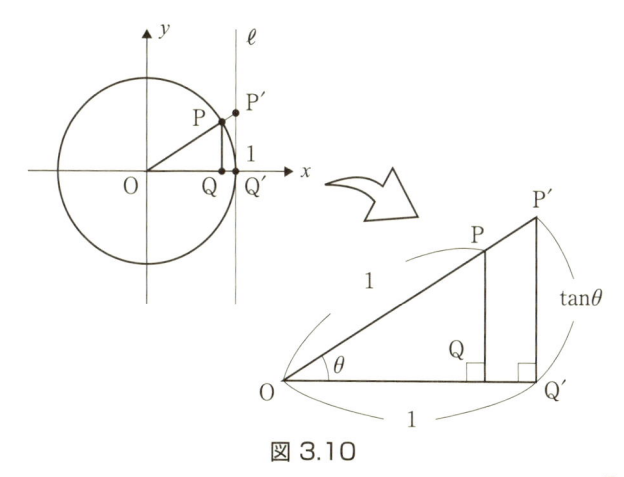

第 3 章 円と三角関数

図 3.10

　直角三角形 $\triangle \mathrm{POQ}$ を考えると，定義により $\tan\theta = \dfrac{\mathrm{PQ}}{\mathrm{OQ}}$ となりますが，$\triangle \mathrm{POQ}$ と相似な直角三角形 $\triangle \mathrm{P'OQ'}$ を考え，$\mathrm{OQ'} = 1$ に注意すると

$$\tan\theta = \frac{\mathrm{P'Q'}}{\mathrm{OQ'}} = \frac{\mathrm{P'Q'}}{1} = \mathrm{P'Q'}$$

ともなります．すると $\tan\theta$ の値は，点 $\mathrm{P'}$ の y 座標の値として図形的に表されたことになります．

　次に P が第 2 象限にある場合（$90° < \theta < 180°$）を考えましょう．やはり P から x 軸に下ろした垂線の足を Q，直線 OP と ℓ との交点を P$'$，点 $(1,0)$ を Q$'$ とします．P の座標を (a,b) とすると，$\sin\theta = b, \cos\theta = a$ なので $\tan\theta = \dfrac{b}{a}$ となります．P が第 2 象限にあるので，$a < 0, b > 0$ であることに注意すると，

$$\tan\theta = -\frac{b}{|a|} = -\frac{\mathrm{PQ}}{\mathrm{OQ}}$$

とも表せます. $\triangle\mathrm{POQ}$ と $\triangle\mathrm{P'OQ'}$ は相似なので,

$$\tan\theta = -\frac{\mathrm{P'Q'}}{\mathrm{OQ'}} = -\frac{\mathrm{P'Q'}}{1} = -\mathrm{P'Q'}$$

となります. $-\mathrm{P'Q'}$ は点 $\mathrm{P'}$ の y 座標の値ですから, この場合も $\tan\theta$ の値が図形的に表されたことになりました.

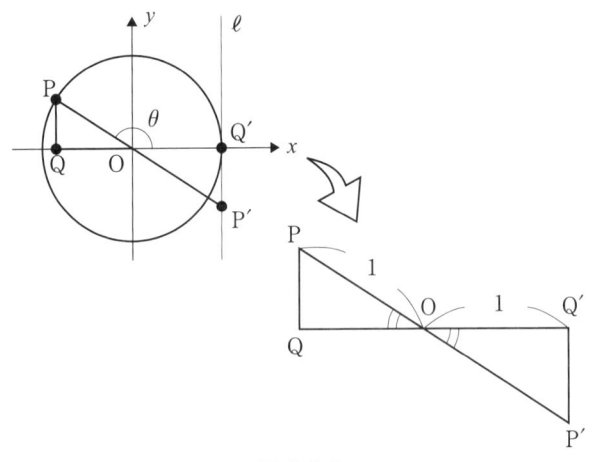

図 3.11

P が第 3 象限や第 4 象限にある場合も, 同様であることが分かります. したがって, $\tan\theta$ を図形的に表すと, 「θ に対応する単位円上の点を P としたときの, 直線 OP と ℓ との交点の y 座標」ということになります.

問 3.3 P が第 3 象限や第 4 象限にあるとき，上のことを確かめよ．

§2. 関係式

第 2 章で，$0° < \theta < 90°$ の範囲で定義された三角関数の間に成り立ついろいろな関係式を求めました．それらは新しい範囲ではどうなるのでしょうか．順に見ていきましょう．

まず (2.5) を考えます．新しい定義では $\sin\theta, \cos\theta$ は単位円上の点の座標でしたから，円の方程式から，

$$(3.12) \qquad \sin^2\theta + \cos^2\theta = 1$$

がやはり成り立つことが分かります．

三角関数の値の範囲 (2.6)，(2.7) については，(3.2)，(3.10) のように広がりました．

三角関数の加法定理は，同じ形で成り立ちます．第 4 章で三角関数の定義域をもっと広げますが，加法定理はその範囲でも成立しますので，証明は第 4 章でまとめてやることにして，ここでは成り立つことを認めましょう．すると，加法定理から導かれたいろいろな公式も，すべて新しい範囲でも成立することになります．すなわち倍角の公式，半角の公式，和を積で表す公式，積を和で表す公式も，新しい範囲でも成立するのです．2 つほど例で確かめてみましょう．

例 3.1 (1) $150° = 90° + 60°$ として $\sin 150°, \cos 150°$ の値を加法定理を用いて計算し，定義 (3.6) から得られる値と比較

せよ．

(2) $\sin 120°, \cos 120°$ を倍角の公式で計算し，定義 (3.6) から得られる値と比較せよ．

解 (1) $\sin 90° = 1, \cos 90° = 0$ に注意すると，加法定理を使って

$$\begin{aligned}
\sin 150° &= \sin(90° + 60°) \\
&= \sin 90° \cos 60° + \cos 90° \sin 60° \\
&= 1 \times \frac{1}{2} + 0 \times \frac{\sqrt{3}}{2} \\
&= \frac{1}{2}, \\
\cos 150° &= \cos(90° + 60°) \\
&= \cos 90° \cos 60° - \sin 90° \sin 60° \\
&= 0 \times \frac{1}{2} - 1 \times \frac{\sqrt{3}}{2} \\
&= -\frac{\sqrt{3}}{2}
\end{aligned}$$

となります．一方 $150° = 180° - 30°$ なので，定義 (3.6) を使うと

$$\sin 150° = \sin(180° - 30°) = \sin 30° = \frac{1}{2},$$

$$\cos 150° = \cos(180° - 30°) = -\cos 30° = -\frac{\sqrt{3}}{2}$$

となり，両方の結果が一致しました．
(2) $120° = 60° \times 2$ として倍角の公式を使うと，

$$\sin 120° = 2\sin 60° \cos 60°$$
$$= 2 \times \frac{\sqrt{3}}{2} \times \frac{1}{2}$$
$$= \frac{\sqrt{3}}{2},$$
$$\cos 120° = \cos^2 60° - \sin^2 60°$$
$$= \left(\frac{1}{2}\right)^2 - \left(\frac{\sqrt{3}}{2}\right)^2$$
$$= \frac{1}{4} - \frac{3}{4}$$
$$= -\frac{1}{2}$$

となります．一方 $120° = 180° - 60°$ として定義 (3.6) を使うと，

$$\sin 120° = \sin(180° - 60°) = \sin 60° = \frac{\sqrt{3}}{2},$$
$$\cos 120° = \cos(180° - 60°) = -\cos 60° = -\frac{1}{2}$$

となり，この場合も両者の結果が一致しました．■

《正弦定理と余弦定理》
　第 2 章で，三角形の辺の長さと角度の間に成り立つ関係式

として正弦定理と余弦定理を紹介しましたが，三角関数が鋭角に対してしか定義されていなかったため，それらは鋭角三角形に対してだけ成り立つ定理となっていました．いま三角関数の定義域が広がり，鈍角に対しても sin や cos が定義できたので，鈍角を持つ三角形について，同じ様な定理が成り立つかどうか調べることができます．

まず正弦定理について調べましょう．∠C が鈍角となっている三角形 △ABC を考えます．このとき頂点 A から直線 BC へ垂線を下ろすと，その足 D は辺 BC の上ではなくその延長上に来ます．ここが鋭角三角形の場合との違いです．

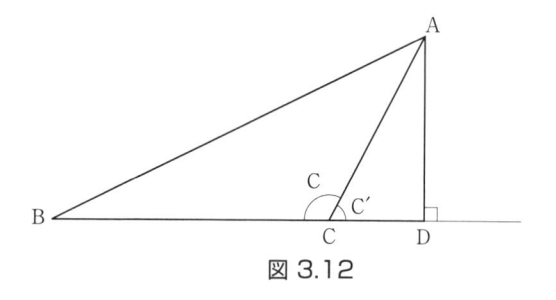

図 3.12

この状況で正弦定理を考えていきます．図のように角 C′ をとりましょう．このとき $C' = 180° - C$ となっています．2つの直角三角形 △ABD と △ACD を考えると，

$$\sin B = \frac{AD}{AB}, \quad \sin C' = \frac{AD}{AC}$$

が得られますので，鋭角三角形の場合と同様にして
$AD = AB \sin B = AC \sin C'$ となり，$AB = c$, $AC = b$ を用いて

$$\frac{c}{\sin \mathrm{C}'} = \frac{b}{\sin \mathrm{B}}$$

が成り立ちます．C を用いて表せば，

(3.13) $$\frac{c}{\sin(180° - \mathrm{C})} = \frac{b}{\sin \mathrm{B}}$$

ということになります．

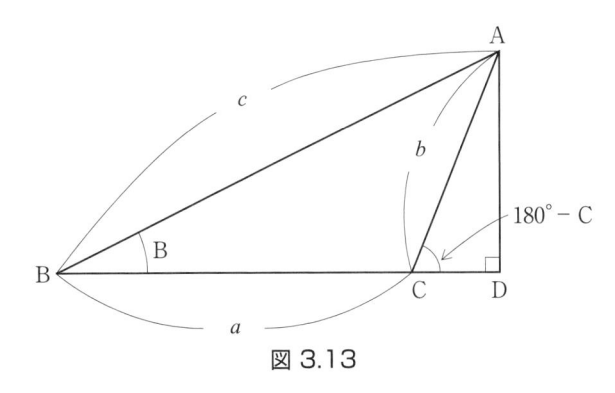

図 3.13

ここで $\theta = 180° - \mathrm{C}$ とおくと，C が鈍角なので $0° < \theta < 90°$ となり，sin の新しい範囲での定義 (3.6) を用いると

$$\sin \theta = \sin(180° - \theta) = \sin(180° - (180° - \mathrm{C})) = \sin \mathrm{C}$$

となり，(3.13) の左辺が $\dfrac{c}{\sin \mathrm{C}}$ となるので，正弦定理が同じ形で成立することが分かりました．∠A や ∠B が鈍角の場合も同様なので，鈍角三角形に対しても正弦定理が鋭角三角形の場合と同じ形で成立することが分かります．直角三角形については皆さんに考えてもらいましょう．

問 3.4 直角三角形に対しても，正弦定理が鋭角三角形の場合と同じ形で成立することを示せ．

これらをまとめると，最終的な形の正弦定理が得られます．

定理 3.1（正弦定理） 三角形 $\triangle$ABC において，
$$\frac{a}{\sin \mathrm{A}} = \frac{b}{\sin \mathrm{B}} = \frac{c}{\sin \mathrm{C}}$$
が成り立つ．

次に余弦定理を考えましょう．同じように $\angle$C が鈍角だとします．頂点 A から直線 BC へ下ろした垂線の足を D とし，図 3.12 と同じように角 C$'$ をとります．直角三角形 $\triangle$ACD を考えると
$$\mathrm{AD} = b \sin \mathrm{C}', \quad \mathrm{CD} = b \cos \mathrm{C}'$$
となることが分かります．大きな直角三角形 $\triangle$ABD に対して三平方の定理を適用すると，$\mathrm{BD} = a + \mathrm{CD} = a + b\cos \mathrm{C}'$ に注意して
$$\begin{aligned} c^2 &= (a + b\cos \mathrm{C}')^2 + (b \sin \mathrm{C}')^2 \\ &= a^2 + 2ab\cos \mathrm{C}' + b^2 \cos^2 \mathrm{C}' + b^2 \sin^2 \mathrm{C}' \\ &= a^2 + b^2 + 2ab \cos \mathrm{C}' \end{aligned}$$
が得られます．

第 3 章 円と三角関数

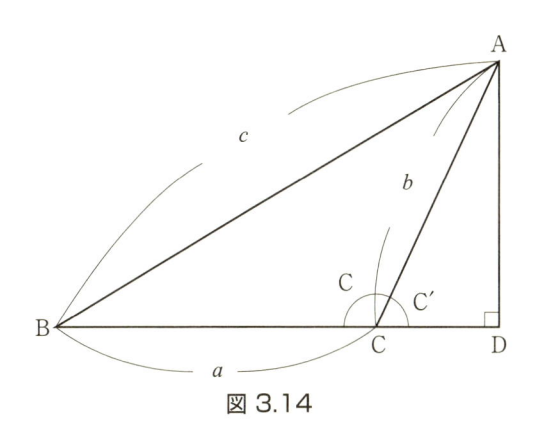

図 3.14

さて $C' = \theta$ とおくと，$C = 180° - \theta$, $0° < \theta < 90°$ であり，そこで cos の新しい範囲での定義 (3.6) を用いると

$$\cos C = \cos(180° - \theta) = -\cos\theta = -\cos C'$$

となっています．これを上の式に代入すると，

$$c^2 = a^2 + b^2 - 2ab\cos C$$

となり，鋭角三角形の場合と同じ形の余弦定理が得られました．余弦定理の残りの 2 式も同様ですし，∠A や ∠B が鈍角の場合もやはり同様に示されます．そして直角三角形の場合は，問にしましょう．

問 3.5 直角三角形に対しても，余弦定理が鋭角三角形の場合と同じ形で成立することを示せ．

これらをまとめると，最終的な形の余弦定理が得られます．

定理 3.2（余弦定理） 三角形 △ABC において，

$$c^2 = a^2 + b^2 - 2ab\cos \mathrm{C}$$
$$b^2 = c^2 + a^2 - 2ca\cos \mathrm{B}$$
$$a^2 = b^2 + c^2 - 2bc\cos \mathrm{A}$$

が成り立つ．

　正弦定理と余弦定理が，鋭角三角形の場合と同じ形で成立することが分かりました．これは見方を変えると，正弦定理や余弦定理が同じ形で成立するように，直角や鈍角に対する $\sin, \cos$ の値がうまく定義されていた，と言うこともできます．我々はこの章で，円を用いた三角関数の定義を導入しましたが，なぜそのように定義するのかということについては説明していません．（これを説明するには，実は複素数を変数とする複素関数の理論が必要となります）しかし正弦定理や余弦定理，さらには加法定理を始めとするいろいろな公式が同じ形で成り立つということは，この新しい定義が「自然な」ものであることを示唆する証拠であると言えましょう．

第4章　一般角に対する三角関数

§1. 角度の範囲を広げる

　我々がふつう扱う角度の範囲は，せいぜい $0°$ から $360°$ です．すべての角度はこの範囲で表されますが，この範囲に限ると不便なこともあります．そこでこれから角度の範囲を広げていこうと思いますが，その考え方を理解する手がかりとして，時計について考えてみましょう．

　話を簡単にするため，分針と秒針のない時計だけの時計を考えます．時針が指している数字を読めば時刻が分かります．図 4.1 に 2 つの状態を描きました．a と b ではどちらが何時間あとでしょうか．

図 4.1

　素朴に考えれば b の方が 2 時間あとですね．しかしよく考えれば，この 2 つの絵だけでは，本当のことは分かりません．もしかすると a は午前 1 時で，b は午後 3 時かもしれません

79

から,そのときは b が 14 時間あとになります.また a が午後 1 時で b が午前 3 時なら,a の方が 10 時間あとになります.さらに a と b は同じ日とは限りません.a がある日の午後 1 時で b が次の日の午後 3 時なら,b が $24 + 2 = 26$ 時間あとになります.

このように 2 つの時計の針を見ただけでは,どちらが前でどちらが後かすら知ることはできません.それを知るためには,時計の針をじっと見続ける必要があります.言い換えれば,針の位置だけではなく,針がどのように動いてその位置に来たのか,という経緯を知る必要があるのです.

これと同じように,角度を単なる状態ではなく,動きの結果としてとらえようというのがこの章の話です.

第 3 章で三角関数を定義するのに用いた単位円を考えましょう.単位円上に点 P を取り,原点 O と結んだ線分 OP を考えます.OP が時計の針の役割をします.ただし時計の針と違って,回る向きは左回りを正の(順の)向きとします(右回り,つまり時計回りは負の(逆の)向きとなります).P は始点 $P_0 = (1, 0)$ からスタートして,正の向きに単位円上を動きます.

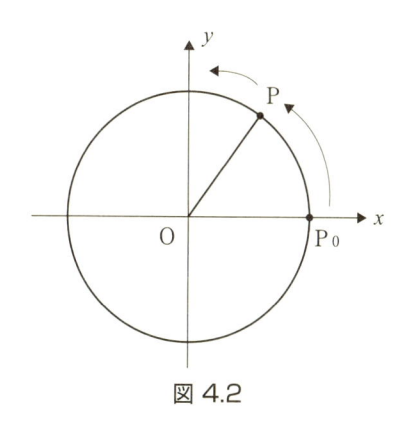

第 4 章 一般角に対する三角関数

図 4.2

　このとき角度 $\angle POP_0$ は $0°$ からだんだん大きくなっていき，$90°, 180°, 270°$ を過ぎてやがて P が P_0 へ戻ってきたときには $360°$ となります．P がさらに正の向きに動き続けると，角度 $\angle POP_0$ はさらに増え続けます．こうすることで $360°$ を超える角度が現れてきます．つまり，ある瞬間の P の位置だけでなく，P がどのような動きをしたあとにそこに到達したかという途中経過も考え合わせると，いくらでも大きな角度というものが考えられるのです．

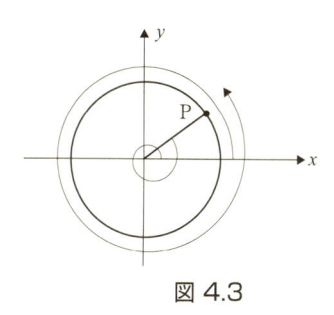

図 4.3

さらに，負の角度も同じように定義できます．今度はPがP_0から出発して負の向きに動いたとしましょう．このときの角度$\angle POP_0$は，ふつうに測った角度$\angle POP_0$の値にマイナスをつけたものと定めます．図4.4にいくつかの例を挙げておきます．

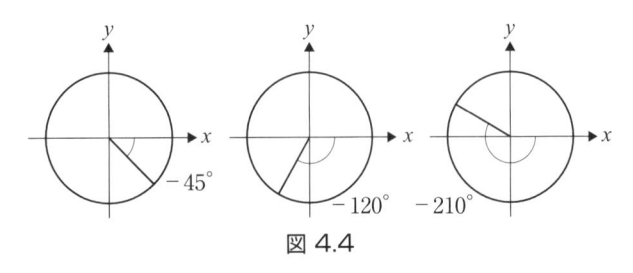

図 4.4

このように定義することで，角度の取り得る範囲は実数全体に広がります．このような角度を**一般角**といいます．角度を図で表すときにはふつう扇形を使いますが，一般角は途中経過と向きを指定しないと決まらないので，扇形に矢印をつけたものが使われます．360°を超えた角度を表すときには，扇形を少し変形して，重なる部分ができないようにします．

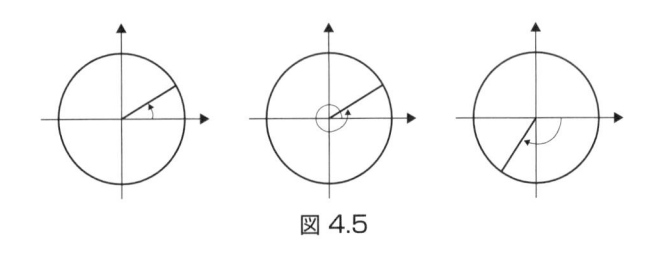

図 4.5

再び時計の話と比べてみましょう．時計は「時刻」を示すもので，時刻は0時から12時までしかありません．一方「時

間」というのは、「今から 36 時間前」とか、「事件発生から 45 時間」という具合に、過去と未来という 2 つの方向に、いくらでも大きな値をとります。過去を表すときにマイナスをつけ、未来を表すときはプラスとすると、時間は $-\infty$ から $+\infty$ までのあらゆる値をとることができるのです。そうすると、我々がふつうに考えている角度というのは「時刻」に相当するもので、その範囲は $0°$ から $360°$ に限られていて、一方今回導入した一般角は「時間」に相当するものであり、そのため $-\infty$ から $+\infty$ までのあらゆる値をとり得るのだ、というように理解することもできるでしょう。

さてそれでは、一般角に対する三角関数の値を定義しましょう。定義の仕方は簡単で、その角度 θ を表す単位円上の点 P について、その x 座標を $\cos\theta$、y 座標を $\sin\theta$ とするのです。つまり今回の角度というのは、P がどのように動いてその位置まで来たのかということを考慮して決めることにしたのですが、三角関数を定義するときにはそれを忘れて、単に P が今どこにいるかということだけで値を決めよう、ということなのです。

この定義を式で表しましょう。単位円上に点 P をとり、$0°$ から $360°$ の範囲で P の表す角度を θ とすると、P が表している可能性のある角度は無数にあって、

$$\theta + 360° \times n \quad (n \text{ は整数})$$

のどれかになります。

θ	$\theta + 360°$
$\theta - 360°$	$\theta - 360° \times 2$

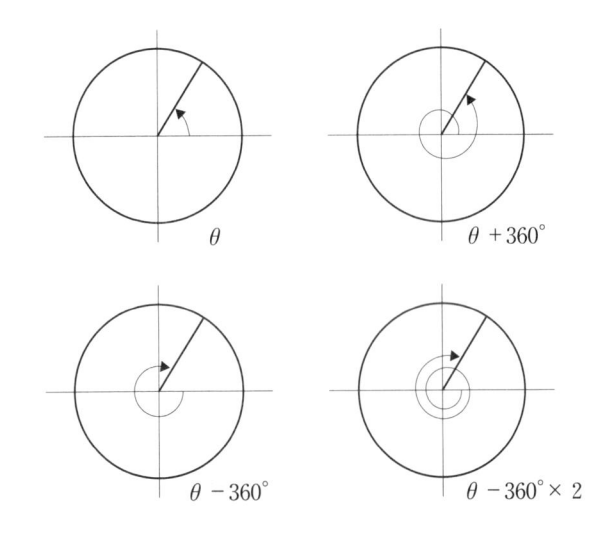

図 4.6

すると今の定義によると，

(4.1) $$\begin{aligned}\sin(\theta + 360° \times n) &= \sin\theta, \\ \cos(\theta + 360° \times n) &= \cos\theta\end{aligned} \quad (n \text{ は整数})$$

ということになります．

練習 (1) $405° = 360° + 45°$ なので，$\sin 405° = \sin 45° = \dfrac{1}{\sqrt{2}}$.

(2) $1530° = 360° \times 4 + 90°$ なので，$\sin 1530° = \sin 90° = 1$.

$\tan$ については，いつもの通り

第 4 章 一般角に対する三角関数

(4.2) $$\tan\theta = \frac{\sin\theta}{\cos\theta}$$

と定めますので，(4.1) により

(4.3) $\tan(\theta + 360° \times n) = \tan\theta$ （n は整数）

となります．ただし第 3 章の (3.7) 式によると，

$$\tan(180° + \theta) = \frac{-\sin\theta}{-\cos\theta} = \frac{\sin\theta}{\cos\theta} = \tan\theta$$

となっているので，tan の値は θ に 360° の整数倍を足すときだけでなく，その半分の 180° の整数倍を足しても変化しないことが分かります．すなわち

(4.4) $\tan(\theta + 180° \times n) = \tan\theta$ （n は整数）

が成り立ちます．なお 90° + 180° × n に対しては cos の値が 0 になるので，この角度に対しては tan は定義されません．

負の値の角度に対する三角関数についても，(4.1) で n が負の整数の場合として計算することができますが，そうやって考えるとかえってややこしくなるので，定義に戻って考えます．θ を表す点 P の位置と，$-\theta$ を表す点 P′ の位置は，x 軸に関して対称となります．したがって P の x 座標と P′ の x 座標は同じ値となり，P′ の y 座標は P の y 座標にマイナスをつけた値となります．x 座標と y 座標の値がそれぞれ sin と cos を表したので，このことから

$$(4.5) \quad \sin(-\theta) = -\sin\theta, \quad \cos(-\theta) = \cos\theta$$

が得られます．(4.5) は非常に基本的な式ですので，是非覚えて下さい．

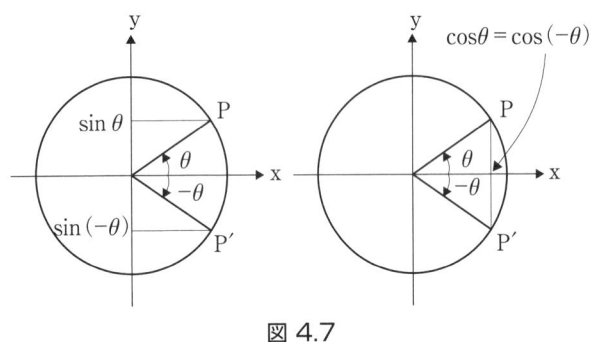

図 4.7

tan については，(4.2) と (4.5) からただちに

$$(4.6) \quad \tan(-\theta) = -\tan\theta$$

が得られます．

ここまでの話により，角度 θ は $-\infty$ から $+\infty$ までのあらゆる実数値をとることになりました．この広がった範囲の角度（一般角）に対する三角関数の値の計算方法をまとめておきましょう．

$\theta \geqq 0$ の場合には，(4.1) や (4.3) を利用すればよくて，次のようにします．まず θ を $360°$ で割り，その余りを θ_0 とおきます．このとき商を n とすれば，$\theta = 360° \times n + \theta_0$ となっています．すると $0° \leqq \theta_0 < 360°$ であり，三角関数の値につ

いては

$$\sin\theta = \sin\theta_0, \quad \cos\theta = \cos\theta_0, \quad \tan\theta = \tan\theta_0$$

となって，$0°$ から $360°$ の範囲における三角関数の値により表すことができました．

　$\theta < 0$ の場合は，次のようにするとよいでしょう．まず $|\theta|$ を $360°$ で割ってその余りを θ_0 とします．その商を n とすると $|\theta| = 360° \times n + \theta_0$ となり，θ_0 の範囲は $0° \leqq \theta_0 < 360°$ です．$\theta < 0$ でしたから，これより

$$\theta = 360° \times (-n) - \theta_0$$

が得られます．すると (4.1), (4.3) のほかに (4.5), (4.6) を用いると，

$$\sin\theta = \sin(-\theta_0) = -\sin\theta_0,$$
$$\cos\theta = \cos(-\theta_0) = \cos\theta_0,$$
$$\tan\theta = \tan(-\theta_0) = -\tan\theta_0$$

となり，やはり $0°$ から $360°$ の範囲における三角関数の値により表すことができました．

《三角関数のグラフ──その3》

　以上により一般角に対する $\sin\theta, \cos\theta, \tan\theta$ の値が定義されたので，そのグラフを描いてみましょう．いずれも $0° \leqq \theta \leqq 360°$ の範囲のグラフを左右に平行移動してつなげていけばよいので，次図の通りとなります．

図 4.8

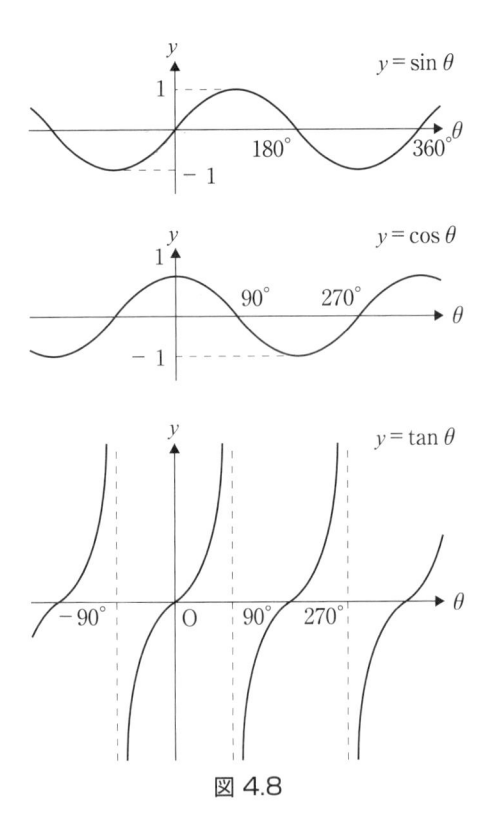

このうち $\sin\theta, \cos\theta$ のグラフを見ると，同じ形がずっと繰り返されていて，波のように見えます．実は，本物の波は $\sin\theta$ や $\cos\theta$ のグラフを用いて表されるのです．その話は第 5 章で少し触れることになるでしょう．

第 4 章 一般角に対する三角関数

§2. 加法定理

三角関数の加法定理は，三角関数において重要な定理で，第 2 章でも第 3 章でも扱ってきました．そのときはあえて言及しませんでしたが，加法定理には怪しいところがあります．すでに気づかれた読者の方もいるかもしれませんが，第 2 章では三角関数は 0° から 90° の範囲に対してだけ定義されていました．たとえば sin の加法定理では，

$$\sin(\alpha + \beta) = \sin\alpha\cos\beta + \cos\alpha\sin\beta$$

ですが，α も β も 0° から 90° の範囲に入っていたとしても，左辺に現れる $\alpha + \beta$ はこの範囲からはみ出すかもしれません．第 3 章でも同様です．第 3 章では範囲が 0° から 360° まで広がりましたが，同じく，α も β も 0° から 360° の範囲に入っていたとしても，左辺に現れる $\alpha + \beta$ はこの範囲からはみ出すかもしれません．つまり今までの加法定理には，右辺には意味があっても，左辺にまだ定義されていないものが現れる危険があったのです．

ところが逆に考えれば，加法定理の右辺には，まだ定義されていない範囲における三角関数の値を定義する力が秘められていた，ということもできるでしょう．ともあれ今回は角度の範囲があらゆる実数にまで広がり，そこで三角関数が定義されたので，もう定義域をはみ出す心配はいりません．あらためて加法定理を記述しましょう．

定理 4.1 (三角関数の加法定理)

(4.7)
$$\sin(\alpha + \beta) = \sin\alpha\cos\beta + \cos\alpha\sin\beta$$
$$\cos(\alpha + \beta) = \cos\alpha\cos\beta - \sin\alpha\sin\beta$$
$$\tan(\alpha + \beta) = \frac{\tan\alpha + \tan\beta}{1 - \tan\alpha\tan\beta}$$

(4.8)
$$\sin(\alpha - \beta) = \sin\alpha\cos\beta - \cos\alpha\sin\beta$$
$$\cos(\alpha - \beta) = \cos\alpha\cos\beta + \sin\alpha\sin\beta$$
$$\tan(\alpha - \beta) = \frac{\tan\alpha - \tan\beta}{1 + \tan\alpha\tan\beta}$$

定理 4.1 は, $\alpha+\beta$ のときと $\alpha-\beta$ のときとを分けて書きました. $\alpha-\beta$ のときの式 (4.8) は無理して覚えなくても, (4.7) で β を $-\beta$ に置き換えたものになっているので, (4.7) と (4.5), (4.6) を覚えておけばいつでも導くことができます.

さて定理 4.1 の証明ですが, 証明方法としていちばん自然なのは座標軸の回転という考え方を用いるものです. そのために必要なことがらを, 実は次の第 5 章のフーリエ展開のところでたまたま説明することになっていますので, 証明はその説明のあと, 第 5 章 §4 で与えることにします. とりあえず定理 4.1 は正しいものとして, 先に進みましょう.

加法定理が全く同じ形で成り立つということになったので, 第 2 章で加法定理から導いた種々の関係式は, すべて一般角に対しても成立します. すなわち倍角の公式 (2.10), (2.11), 半角の公式 (2.14), (2.15), 和を積で表す公式 (2.16), (2.17), (2.18), (2.19) および積を和で表す公式 (2.20), (2.21), (2.22)

第4章 一般角に対する三角関数

です．

なお，そのほかの公式もたいてい一般角に対して成立します．$(\cos\theta, \sin\theta)$ が単位円上の点であったので，このことから

$$(4.9) \qquad \sin^2\theta + \cos^2\theta = 1$$

がやはり成立しますし，三角関数の値の範囲を与える不等式

$$(4.10) \qquad -1 \leqq \sin\theta \leqq 1, \quad -1 \leqq \cos\theta \leqq 1$$

も成立します．また $\tan\theta$ についても，

$$(4.11) \qquad -\infty < \tan\theta < \infty$$

となります．

もう1つ，第2章で挙げた関係式 (2.4) を考えてみましょう．つまり $\sin(90° - \theta) = \cos\theta, \cos(90° - \theta) = \sin\theta$ という式ですが，第2章ではこれを直角三角形を裏返すことで示しました．一般角に対しても，これと同じ発想で示すことができます．

図 4.9

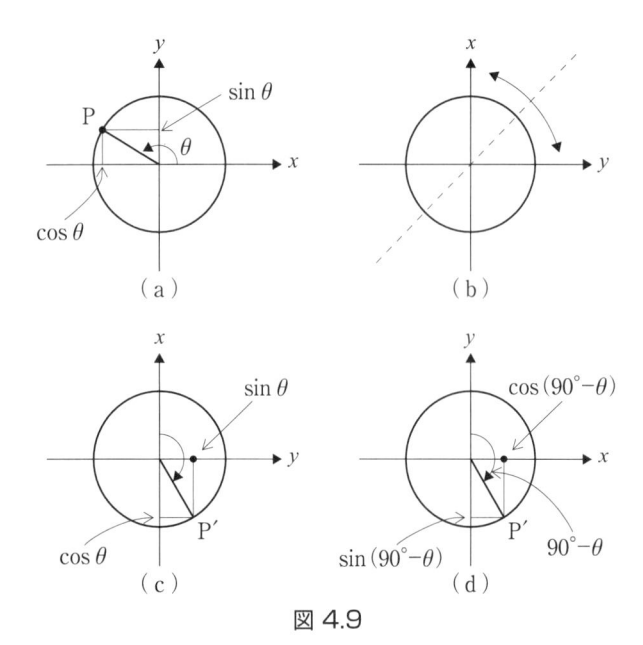

図 4.9 の (a) に一般角 θ を与えています．このとき単位円上の点 P の座標が $(\cos\theta, \sin\theta)$ です．この図を，直線 $y = x$ を軸にして裏返しましょう（図 4.9 の (b)）．すると x 軸と y 軸が入れ替わり，またあらゆる点の x 座標と y 座標が入れ替わります．つまりこの操作で，点 P は座標 $(\sin\theta, \cos\theta)$ の点 P′ に移ります（図 4.9 の (c)）．一方同じ図をふつうの xy–平面と見ると，点 P′ は一般角 $90° - \theta$ に対応する単位円上の点になっていますから，その座標は $(\cos(90° - \theta), \sin(90° - \theta))$ です（図 4.9 の (d)）．P′ の座標が 2 通りに表されましたので，それらは一致し，したがって

第 4 章 一般角に対する三角関数

(4.12) $\sin(90° - \theta) = \cos\theta, \quad \cos(90° - \theta) = \sin\theta$

が一般角に対しても成立することが示されました．

§3. 角度の新しい表し方——弧度法

　我々が角度を表すときには，$60°$ とか $90°$ といったように，度（°）で表すのが普通です．この表し方を度数法といいます．分度器の目盛りは $1°$ 刻みになっていて，直角が $90°$，水平が $180°$，1 周が $360°$ となっています．

図 4.10

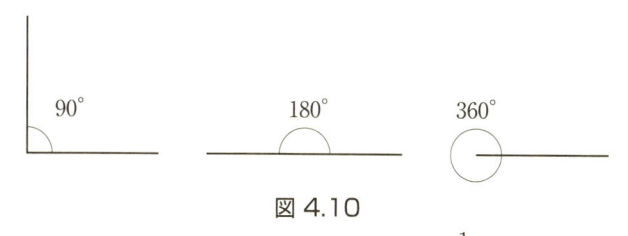

　つまり度数法というのは，1 周の角度の $\dfrac{1}{360}$ を $1°$ と定めたものになっています．

　では 360 という数字はどこから出てきたのでしょうか．いろいろと歴史的な経緯はあるかもしれませんが，使ってみると 360 という数は便利なことは確かです．360 は 2 でも 3 でも 4 でも 5 でも 6 でも 12 でも割り切れるので，円を等分するときに度数法で角度を測ればよいでしょう．たとえば円を 5 等分したければ，$360 \div 5 = 72$ なので，分度器で $72°$ を測れば 5 等分ができます．$360 \div 12 = 30$ なので，分度器で $30°$

を測れば円の 12 等分ができて,時計の文字盤が作れます.

このように度数法は日常生活においては便利なものですが,数学的には必然性はありません.では数学的に意味のある角度の表し方というものはあるのでしょうか.それがこの節の標題の弧度法なのです.360 という数字には特別の意味はありませんが,1 という数字はあらゆる数の基準となるので特別です.そこで半径が 1 の円である単位円を用いて角度を表しましょう.

一般角でもよいのですが,いきなりだと分かりにくいので,とりあえず $0°$ から $360°$ までの角度 θ を考えましょう.単位円をもとに,中心角が θ となる扇形を作ります.この扇形の弧の長さは,中心角 θ に比例します.そこでその弧の長さを,角度の値と定めるのです.この角度の表し方を**弧度法**といい,弧度法で表したときの角度の単位を,**ラジアン**といいます.

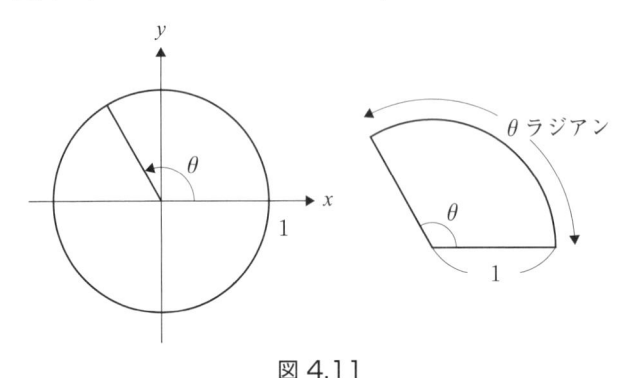

図 4.11

中心角が $360°$ のときは扇形は単位円になり,その弧は半径 1 の円周ですから,長さは 2π です.すなわち $360°$ は,新しい表し方では 2π ラジアンということになります.

第 4 章 一般角に対する三角関数

(4.13) $$360° = 2\pi \text{ラジアン}$$

なお大事なルールとして,ラジアンという単位は書くときには省略します.つまり角度に単位がついていなかったら,それはラジアンで表した値であるということになります.このルールによると,(4.13) は

(4.14) $$360° = 2\pi$$

となります.弧度法を用いていくつかの角度を表してみましょう.

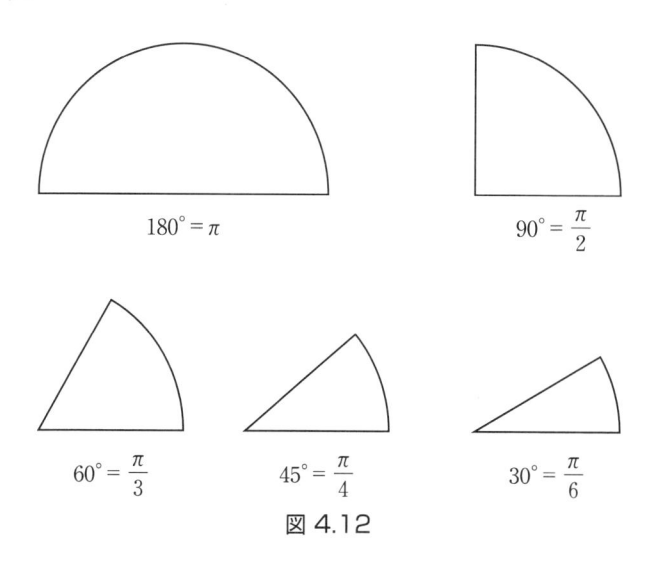

$180° = \pi$

$90° = \dfrac{\pi}{2}$

$60° = \dfrac{\pi}{3}$

$45° = \dfrac{\pi}{4}$

$30° = \dfrac{\pi}{6}$

図 4.12

関係式 (4.14) を頭に入れておけば,度とラジアンを換算することができます.たとえば $a°$ をラジアンで表したければ,求める値を x ラジアンとおくと,比例式

$$360 : a = 2\pi : x$$

が成り立つので

$$x = \frac{2\pi}{360} \times a$$

として x の値が求まります.

逆に b ラジアンを度で表すには,求める値を $y°$ とすると

$$360 : y = 2\pi : b$$

より

$$y = \frac{360}{2\pi} \times b$$

となります.

問 4.1 (1) 次の角度をラジアンで表せ.

$$270°, \quad 15°, \quad 135°, \quad 300°, \quad 22.5°$$

(2) 次の角度を度で表せ.

$$\pi, \quad \frac{4}{5}\pi, \quad \frac{5}{12}\pi, \quad \frac{\pi}{8}$$

一般角も弧度法で表せます. (4.14) を基準にして考えると,

$$720° = 4\pi, \quad -180° = -\pi$$

第 4 章　一般角に対する三角関数

といった具合になります．これらの場合には，扇形の弧の長さという図形的な説明はできませんが，(4.14) によって度とラジアンとの比例関係が定められたと考えるわけです．

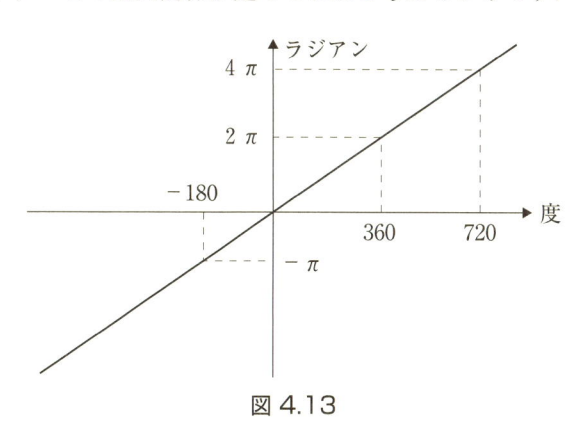

図 4.13

《三角関数のグラフ——その 4》

　第 3 章で与えた一般角に対する三角関数のグラフを，角度のところをラジアンに変えてもう一度描いておきましょう．

図 4.14

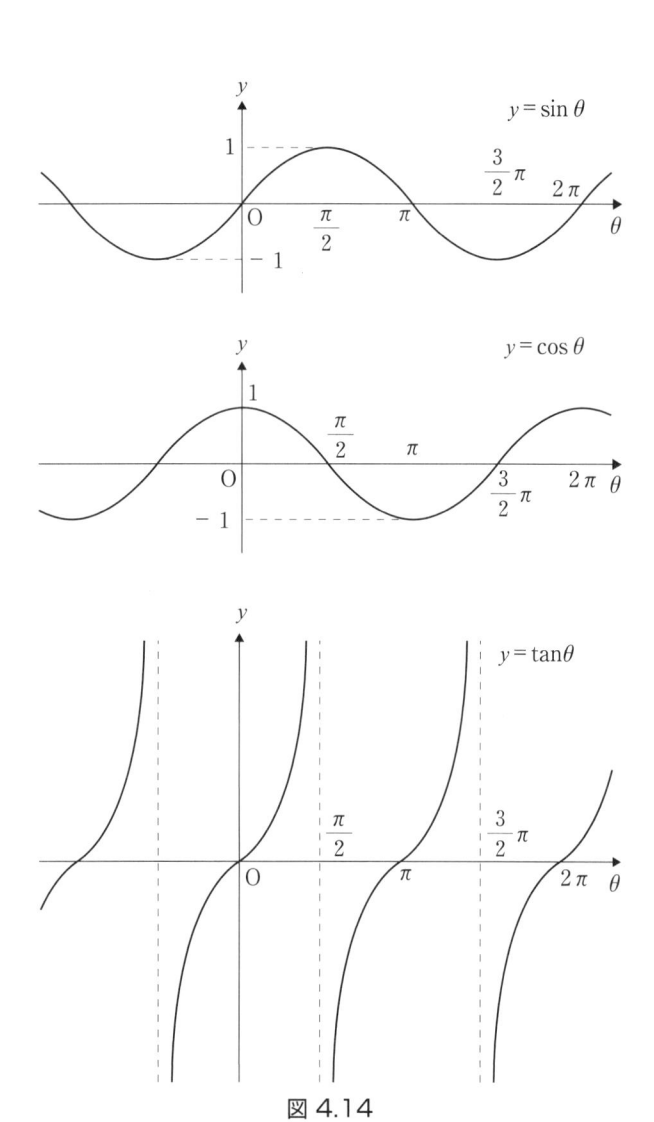

第5章　微分積分と三角関数

　三角関数は，三角形をはじめいろいろな図形に関わる問題を考えるときに使われますが，さらに微分積分の理論と組み合わせることで，その活躍の幅は大きく広がります．微分積分については本書では扱いませんが，その理論を三角関数に適用した結果について，紹介していくことにしましょう．
（この章を読むにあたって，微分積分のことを知っていればより深く理解できると思いますが，たとえ微分積分のことを全く知らなくても内容は分かるようになっています．さらに大学で学ぶ高度な内容にまで話を進めますが，完全には理解できなくても，三角関数の活躍する姿を大まかにつかんでいただければ十分です）

§1. 三角関数の値を正確に求める

　三角関数の値は，巻末の三角関数表に載っています．表には小数第4位までの値が記載されていますが，この値はいったいどうやって求めたのでしょうか．もともとの定義にしたがって，直角三角形の辺の長さを測ってその比をとったとしても，測定の誤差もありとてもこのような精密な値は出せません．
　これらの値を求める方法は，三角関数の多項式による近似です．どのような多項式で近似できるのか，近似したときの

誤差はどの程度なのか，といったことが，微分積分学におけるテイラー展開（テイラーの定理）の考え方を使って知ることができます．そこでまず，$\sin x, \cos x$ のテイラー展開というものを紹介しましょう．以下，$\sin x, \cos x$ などの変数に現れる x は，すべてラジアンを単位にしたものとします．

テイラー展開とは，大雑把に言えば，関数を次数が無限大の「多項式」（ベキ級数という）で表す方法です．（多項式の次数とは，それに含まれる項の x の次数の最大値ですが，ベキ級数にはいくらでも大きな次数が含まれ，そのため項の数も無限個となります）テイラー展開には中心となる点というのがあるのですが，以下ではすべて $x=0$ を中心とするテイラー展開のみを考えることにします．

$\sin x$ の $x=0$ を中心とするテイラー展開は次の通りです．

(5.1) $\quad \sin x = x - \dfrac{x^3}{3!} + \dfrac{x^5}{5!} - \dfrac{x^7}{7!} + \dfrac{x^9}{9!} - \dfrac{x^{11}}{11!} + \cdots$

右辺は規則的に無限に続きます．いくらでも大きな次数の項が，ずっと続いているのが分かるでしょう．$\sum$ を使って表せば，

(5.2) $$\sin x = \sum_{n=0}^{\infty} \dfrac{(-1)^n}{(2n+1)!} x^{2n+1}$$

となります．

$\cos x$ の $x=0$ を中心とするテイラー展開は次の通りです．

(5.3) $\quad \cos x = 1 - \dfrac{x^2}{2!} + \dfrac{x^4}{4!} - \dfrac{x^6}{6!} + \dfrac{x^8}{8!} - \dfrac{x^{10}}{10!} + \cdots$

これも右辺は規則的に無限に続き，ベキ級数（つまり次数が無限大の「多項式」）となっていることが分かります．これを $\sum$ を使って表せば，

$$(5.4) \qquad \cos x = \sum_{n=0}^{\infty} \frac{(-1)^n}{(2n)!} x^{2n}$$

となります．

　無限個の項を足すというようなことは，我々の日常では経験しないことで，理論上の操作ですが，次のように考えれば理解できるのではないでしょうか．(5.2) や (5.4) において，$|x|$ が十分小さい場合，たとえば $x = 0.1$ くらいだとすると，x^{2n+1} や x^{2n} は n が大きくなればものすごく小さい値となり，一方右辺の分母に現れる $(2n+1)!$ とか $(2n)!$ はものすごく大きな値となるので，いずれのベキ級数においても n が大きくなればなるほど項の絶対値は急速に小さくなります．だから無限個の項を足すのですが，後ろの方の項はほとんど 0 に近いので，和の値に与える影響はわずかなものであろうと考えられます．こうして無限個の項を足した結果が，無限大にはならずに有限の値に収まります．このことを，ベキ級数が**収束する**といいます．（実は (5.2) と (5.4) は絶対値の小さな x ばかりでなく，どんな x に対しても収束することが知られています．これは，$|x|^n$ が増大するより $n!$ が増大する速さが著しく速い，ということによります）

　これらのテイラー展開はそれ自身深い意味を持っているのですが，今の我々の興味である近似多項式を見つけるという立場では，次のように利用します．すなわち，無限に続く和を途中で打ち切ったものが近似多項式になるのです．そして

打ち切る次数を高くとればとるほど，精度の高い近似多項式が得られます．たとえば $\sin x$ の近似多項式としては

$$x, \quad x - \frac{x^3}{3!}, \quad x - \frac{x^3}{3!} + \frac{x^5}{5!}$$

などがあり，右側のものほど次数が高いのでよい近似多項式になっているのです．

近似の精度を表す誤差も，きちんと評価することができますが，それについては微分積分の本に譲って，ここではグラフを比べることで近似の様子を見てみましょう．

まず $y = \sin x$ のグラフと，$y = x$，$y = x - \dfrac{x^3}{3!}$，$y = x - \dfrac{x^3}{3!} + \dfrac{x^5}{5!}$ のグラフを見比べてください．

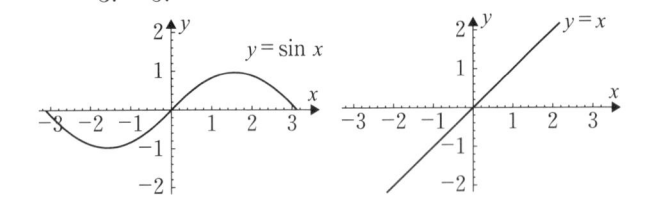

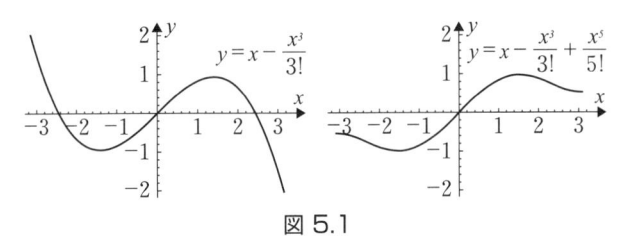

図 5.1

$x = 0$ の近くでは，近似多項式のグラフと $\sin x$ のグラフが

第 5 章　微分積分と三角関数

よく似ていること，近似多項式の次数が上がるほど近似がよくなることなどが分かると思います．

次は $y = \cos x$ のグラフと $y = 1$，$y = 1 - \dfrac{x^2}{2!}$，$y = 1 - \dfrac{x^2}{2!} + \dfrac{x^4}{4!}$ のグラフを比較してみましょう．$\sin x$ の場合と同じようなことが分かると思います．

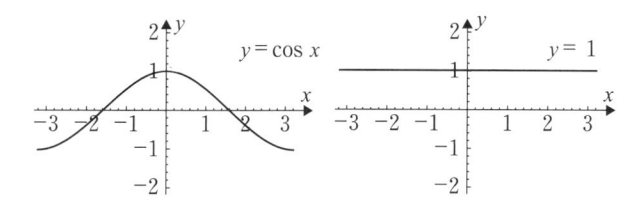

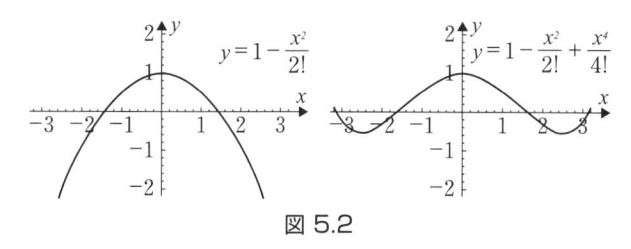

図 5.2

$\tan x$ についても，その近似多項式を与えるようなテイラー展開が存在します．ただし $\sin x$ や $\cos x$ における (5.2) や (5.4) のような表示をするには，ベルヌーイ数と呼ばれる特別な数列が必要となるので，ここでははじめの 5 次の項までを書いておきます．

$$（5.5）\qquad \tan x = x + \frac{x^3}{3} + \frac{2}{15} x^5 + \cdots$$

これについても，近似の様子をグラフで見比べてみてください．

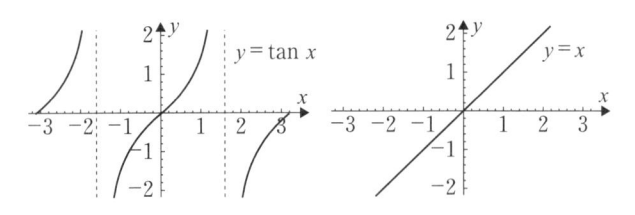

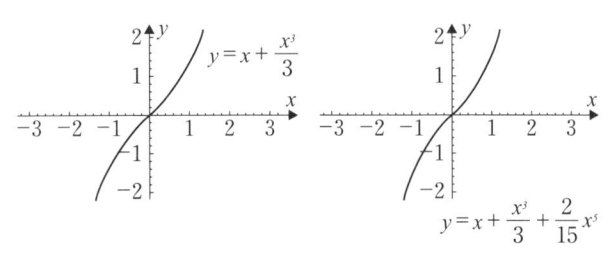

図 5.3

こうしてテイラー展開をもとに近似多項式を作ることで，三角関数の精密な値が計算できるようになります．具体的な計算については，拙著『教程 微分積分』(59 ページ例 3.2) などを参照ください．

§2. 自然現象を三角関数で表す

我々の身の回りにも，自然現象として三角関数の姿を見ることができます．いちばん分かりやすいのは，ギターやヴァイオリンなどの弦楽器の音です．弦楽器は，ピンと張られた弦

が振動することで音を出します．ヴァイオリンよりもギターやチェロ，ダブルベースなどの大きな弦楽器の方が見やすいのですが，弦楽器が音を出しているときの弦の様子をよく見ると，両端は固定されていて，弦の中央付近がいちばん大きく振れており，図のような形が見えるでしょう．

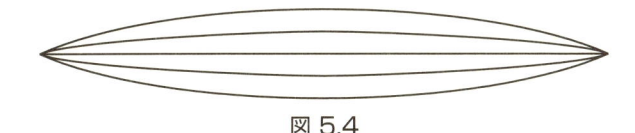

図 5.4

この紡錘形のような形を表すのが，じつは $\sin x$ のグラフなのです．つまり図 5.4 の上側の曲線は，$\sin x$ のグラフの $0 \leqq x \leqq \pi$ の部分を適当に引き延ばしたものになっています．なぜ弦の振動に三角関数が現れるのか，不思議な気がするかもしれませんが，弦の振動という物理現象は数学的に解明されていて，振動の外側の曲線が三角関数で表されることだけでなく，弦の長さや張力などで音がどのように変わるのか，素人とプロの演奏家では同じ楽器でも違う音色がするのはなぜか，といったことがすべて説明できます．（ただしどうすればプロの演奏家のような美しい音色を出すことができるのか，というところまでは分かりません）この節では，物理法則や数学の専門的な議論に立ち入ることを避けながら，弦の振動の理論について，その概略を説明しようと思います．

まず，弦の振動という物理現象を，数学の土俵の上に上げなくてはなりません．

弦の振動を数学的に記述するには，次のようにすればよいでしょう．振動とは時刻とともに形を変える現象ですから，

各時刻における弦の形を記述すればよいのです．そしてある時刻における弦の形を記述するには，それをある関数のグラフとして表せばよいでしょう．以上のことを，次のように実現します．

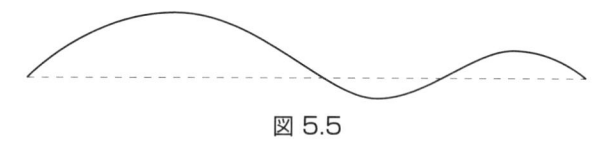

図 5.5

ある時刻 t を考え，その瞬間における弦の形がたとえば図 5.5 のようになっているとしましょう．これを関数のグラフとして表すため，まず座標を導入します．一直線にピンと張った状態の弦を x 軸と見なし，左端を原点とします．このとき右端の座標は弦の長さ ℓ となります．x 軸と垂直に，原点を通るように u 軸を立てます．

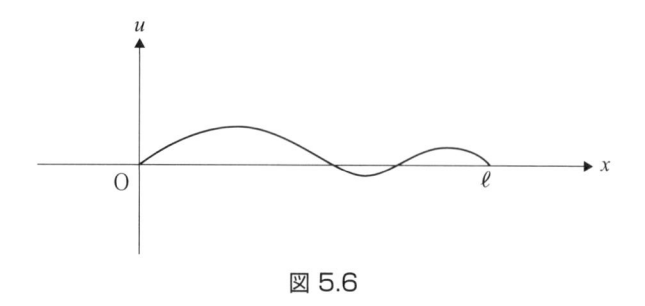

図 5.6

このようにすることで，この弦の形を関数 $u(x)$ のグラフ $u = u(x)$ ととらえることができます．つまり左端から距離 x のところにある弦が真上に u だけ持ち上がっているとき，x における値が u である，ということにより関数 $u(x)$ を決めるわけです．（弦がピンと張った位置より下がっているときに

は，$u(x)$ の値は負になります）

　ひとつ注意していただきたいのは，数学では関数のほうが先に与えられてそのグラフを描くことが多いのですが，今の場合は逆に，グラフが先に与えられていて，そのグラフの関数 $u(x)$ を見つける，という話になっている点です．

　さて，時刻 t における弦の形を表す関数を $u(x)$ としたのですが，弦の形は時刻とともに変わるわけですから，$u(x)$ も時刻 t とともに変わることになります．だから $u(x)$ は，t への依存性を明記するために，たとえば $u(t, x)$ のように表すのが適当です．つまり時刻 t_0 における弦の形がグラフ $u = u(t_0, x)$ $(0 \leqq x \leqq \ell)$ で与えられる，という風にするのです．

　こうして弦の振動は，t と x をともに変数とする 2 変数関数 $u(t, x)$ により記述されることが分かりました．この $u(t, x)$ を具体的に知ることができれば，弦の振動を数学的に完全に把握したことになり，それがどんな音なのかも分かることになるのです．

　では $u(t, x)$ はどんな条件によって決まるのでしょうか．これは物理学の問題で，ニュートンの運動法則（ニュートン力学）がその答えを教えてくれます．ニュートン力学については第 2 章 §4 でほんの少し言及しましたが，惑星の運動のみならず弦の振動をも支配している普遍的な法則なのです．それを適用する議論の詳細はここでは触れることはできませんが，結論は次の 1 本の微分方程式で表されます．

(5.6) $$\frac{\partial^2 u}{\partial t^2} = c^2 \frac{\partial^2 u}{\partial x^2}$$

この式に現れる記号 $\dfrac{\partial^2 u}{\partial t^2}, \dfrac{\partial^2 u}{\partial x^2}$ については,ここでは説明しません.(偏微分を知っている読者に:$\dfrac{\partial^2 u}{\partial t^2}$ は u を変数 t で 2 階偏微分したもの,$\dfrac{\partial^2 u}{\partial x^2}$ は u を変数 x で 2 階偏微分したものです)ただし右辺に現れる c は,弦の張力と密度(1 cm 当たりの重さ)によって決まる定数です.この方程式は**波動方程式**と呼ばれる有名な方程式で,振動だけでなく波の動き(波動)もこの方程式に従うことが知られています.

方程式 (5.6) を満たす関数 $u(t,x)$ のことを,(5.6) の解といいます.しかし,実は (5.6) のすべての解が弦の振動を与えるわけではありません.弦では両端($x = 0$ のところと $x = \ell$ のところ)が固定されていて動かないため,すべての時刻 t において

$$(5.7) \qquad u(t,0) = u(t,\ell) = 0$$

となっていなくてはならないからです.(5.7) のことを**境界条件**といいます.境界条件 (5.7) を満たす (5.6) の解は,弦の振動を与えることが知られています.

それでは (5.6) と (5.7) を満たす関数を求めましょう.実は (5.6) の解はあまりにもたくさんあるので,かえって求めにくいという事情があり,そのため**変数分離法**という解法が考案されました.変数分離法とは,解となる 2 変数関数 $u(t,x)$ が,t のみを変数とする 1 変数の関数と x のみを変数とする 1 変数の関数を掛けた形になっていると仮定して探す方法です.すなわち,

(5.8) $$u(t,x) = g(t)v(x)$$

として，$g(t)$ と $v(x)$ を求めることにするのです．(5.8) の形の解のことを，**変数分離解**といいます．変数分離解は非常に特殊な形をしているため探しやすくなっているのですが，一般に解がこのような特殊な形をしているとは限りません．そこで変数分離法には第 2 のステップがあります．すなわち，(5.6) と (5.7) には，その解をいくつか足し合わせた関数もまた解になるという性質があるので，一般的な解を変数分離解の和として求めることにするのです．たとえば 3 つの変数分離解 $g_1(t)v_1(x)$, $g_2(t)v_2(x)$, $g_3(t)v_3(x)$ が見つかったとすると，

$$u(t,x) = g_1(t)v_1(x) + g_2(t)v_2(x) + g_3(t)v_3(x)$$

も解となるのです．これはもはや t だけの関数と x だけの関数の積の形にはなっていません．最終的に一般的な解を求めるには，変数分離解の無限個の和をとる必要が出てきます．無限和は §1 のテイラー展開にも現れましたが，関数や微分方程式を扱う数学の一分野である解析学においては基本的な手法です．変数分離解の無限和は，テイラー展開における無限和より複雑なもので，これについては次節でお話しすることにします．

それでは，これから変数分離解の決め方を説明していきたいのですが，その前に変数分離解とはいったいどんな解なのかを考えてみましょう．

まず関数 $v(x)$ のグラフ $u = v(x)$ を考えます．まだ $v(x)$ がどんな関数なのか分からないので，かりに図 5.7 のようなグラフだったとしましょう．

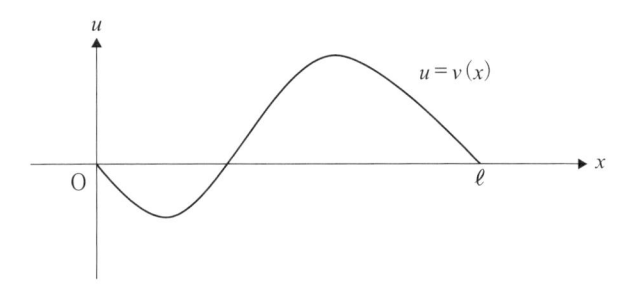

図 5.7

ある時刻 t_0 において,たとえば $g(t_0) = \dfrac{1}{2}$ だったとすると,$u(t_0, x) = g(t_0)v(x) = \dfrac{1}{2}v(x)$ だから,t_0 という瞬間における弦の形は,グラフ $u = v(x)$ を u 方向に $\dfrac{1}{2}$ に縮小したグラフ $u = \dfrac{1}{2}v(x)$(図 5.8(a))となります.また別な時刻 t_1 において $g(t_1) = \dfrac{1}{3}$ だったとすると,その瞬間における弦の形はグラフ $u = \dfrac{1}{3}v(x)$(図 5.8(b))となります.

第 5 章 微分積分と三角関数

(a)

$u = \dfrac{1}{2} v(x)$

(b)

$u = \dfrac{1}{3} v(x)$

(c)

$u = -\dfrac{1}{2} v(x)$

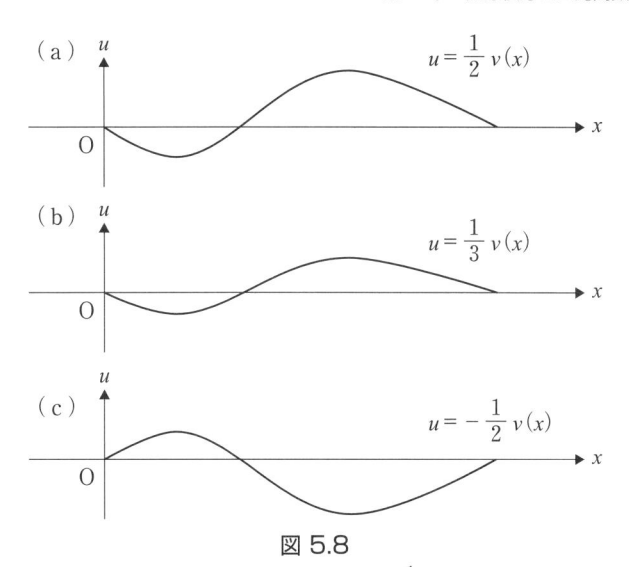

図 5.8

また別の時刻 t_2 において $g(t_2) = -\dfrac{1}{2}$ だったとすると，その瞬間における弦の形はグラフ $u = -\dfrac{1}{2}v(x)$ で与えられますから，図 5.8(a) を上下ひっくり返した形になるでしょう（図 5.8(c)）．このように見てくると，変数分離解が与える振動は，グラフ $u = v(x)$ が時刻とともに u 方向に伸び縮みしているものと思うことができます．

変数分離解を求めるには，まず波動方程式 (5.6) に (5.8) を代入して，$g(t)$ と $v(x)$ に対する方程式を導きます．この過程の説明は省かざるを得ませんが，結果として次の 2 本の方程式が得られます．

111

(5.9) $$\frac{d^2g}{dt^2} + \lambda g = 0$$

(5.10) $$\frac{d^2v}{dx^2} + \frac{\lambda}{c^2}g = 0$$

ここで λ は何らかの定数ですが,その値は波動方程式 (5.6) からは決めることができません.(5.9) と (5.10) についても説明をしませんが,それぞれを満たす関数(解という)については完全に分かっています.まず (5.9) の解は

(5.11) $$g(t) = a_1 \sin\sqrt{\lambda}\,t + a_2 \cos\sqrt{\lambda}\,t$$

で与えられ,ここで a_1, a_2 は任意定数です.つまり (5.9) のどんな解も,(5.11) で a_1, a_2 の値を具体的に与えたものになっています.(5.10) の解は

(5.12) $$v(x) = b_1 \sin\frac{\sqrt{\lambda}\,x}{c} + b_2 \cos\frac{\sqrt{\lambda}\,x}{c}$$

で与えられ,b_1, b_2 は任意定数です.

変数分離解 $u(t,x)$ は $g(t)$ と $v(x)$ の積ですから,$u(t,x)$ を決めるには任意定数 a_1, a_2, b_1, b_2 および定数 λ を決めればよいことになりました.そのために,まだ使っていなかった境界条件 (5.7) を使います.境界条件 (5.7) は,t がどんな値であっても $x = 0$ および $x = \ell$ において $u(t,x)$ の値が 0 になるという条件ですから,(5.8) の場合に当てはめると

$$v(0) = v(\ell) = 0$$

という条件になります.$v(x)$ が (5.12) で与えられるので,ま

ず $v(0) = 0$ という条件を用いると

$$0 = v(0) = b_1 \sin 0 + b_2 \cos 0 = b_2$$

すなわち $b_2 = 0$ という条件になります．この時点で

$$v(x) = b_1 \sin \frac{\sqrt{\lambda}\, x}{c}$$

となることが分かりました．さらにもう 1 つの条件 $v(\ell) = 0$ からは，

$$0 = v(\ell) = b_1 \sin \frac{\sqrt{\lambda}\, \ell}{c}$$

が得られます．これから結論できるのは，$b_1 = 0$ または $\sin \dfrac{\sqrt{\lambda}\, \ell}{c} = 0$ です．$b_1 = 0$ とすると，$v(x)$ は恒等的に 0 となり，従って $u(t, x)$ も恒等的に 0 となります．これは弦が全く振動しない状態を表していて，このとき音は出ません．だから実際に音が出るのは $b_1 \neq 0$ のときで，そうすると

(5.13) $$\sin \frac{\sqrt{\lambda}\, \ell}{c} = 0$$

とならなくてはなりません．ここで c は弦の張力と密度から決まる定数，ℓ は弦の長さでしたから，これらはいずれも決まった定数です．残るのは $\sqrt{\lambda}$ しかありません．つまり (5.13) は λ に対する条件ということになります．

さて $y = \sin x$ のグラフからも分かるように，

$$\sin x = 0 \iff x = n\pi \quad (n \text{ は整数})$$

となっているので,(5.13) より

$$\frac{\sqrt{\lambda}\ell}{c} = n\pi$$

となります.つまり

(5.14) $$\sqrt{\lambda} = \frac{cn\pi}{\ell}, \quad \lambda = \left(\frac{cn\pi}{\ell}\right)^2$$

ということになります.整数 n の値は決まりませんが,λ の値はこれでかなり制約されることになりました.こうして

$$v(x) = b_1 \sin \frac{n\pi}{\ell} x$$

が得られました.

さてこのように λ の値が決まってくると,(5.11) の $g(t)$ も決まっていきます.(5.14) を代入することで,

$$g(t) = a_1 \sin \frac{cn\pi}{\ell} t + a_2 \cos \frac{cn\pi}{\ell} t$$

が得られます.波動方程式も境界条件も使い尽くしたので,任意定数 a_1, a_2, b_1 はこれ以上は決めようがありません.そのかわり少し表示を整理することにしましょう.

xy–平面上の点

$$P = \left(\frac{a_2}{\sqrt{a_1{}^2 + a_2{}^2}}, -\frac{a_1}{\sqrt{a_1{}^2 + a_2{}^2}} \right)$$

を考えると，P の座標は $x^2 + y^2 = 1$ を満たすので，P は単位円上に乗っています．

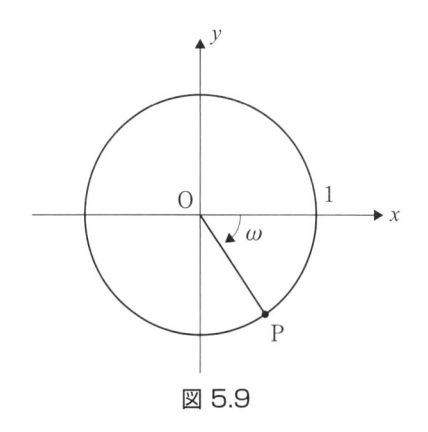

図 5.9

第 3 章における三角関数の定義（単位円を用いた定義）によれば，x 軸の正の向きから線分 OP へ測った角度を ω とすると，

$$\frac{a_2}{\sqrt{a_1{}^2 + a_2{}^2}} = \cos \omega, \quad -\frac{a_1}{\sqrt{a_1{}^2 + a_2{}^2}} = \sin \omega$$

となります．

すると cos の加法定理を用いることで

$$g(t) = \sqrt{a_1{}^2 + a_2{}^2}\left(\frac{a_1}{\sqrt{a_1{}^2 + a_2{}^2}}\sin\frac{cn\pi}{\ell}t\right.$$
$$\left. + \frac{a_2}{\sqrt{a_1{}^2 + a_2{}^2}}\cos\frac{cn\pi}{\ell}t\right)$$
$$= \sqrt{a_1{}^2 + a_2{}^2}\left(-\sin\omega\sin\frac{cn\pi}{\ell}t + \cos\omega\cos\frac{cn\pi}{\ell}t\right)$$
$$= \sqrt{a_1{}^2 + a_2{}^2}\cos\left(\frac{cn\pi}{\ell}t + \omega\right)$$

という形にすることができます．このテクニックはよく使われるので，覚えておくと便利です．$v(x)$ における b_1 と，今現れた $g(t)$ における $\sqrt{a_1{}^2 + a_2{}^2}$ との積を a とおくと，

$$(5.15) \qquad u(t, x) = a\cos\left(\frac{cn\pi}{\ell}t + \omega\right)\sin\frac{n\pi}{\ell}x$$

となります．あらためて確認しておくと，(5.15) において，c は弦の張力と密度から決まる定数，ℓ は弦の長さ，a と ω は任意定数，そして n は任意の整数でした．

これはいったいどんな音なのでしょうか．本の上には動画を載せることはできないので，アニメーション（パラパラマンガ）のようにある一定の時間刻みに弦の変化する姿を並べていくことにしましょう．簡単のため，$a = 1, \omega = 0$ とし，まず $n = 1$ の場合を考えましょう．すると

(5.16) $$u(t,x) = \cos\frac{c\pi t}{\ell} \cdot \sin\frac{\pi x}{\ell}$$

ということになります．時間の刻み方は，

$$t = 0, \frac{\ell}{6c}, \frac{\ell}{3c}, \frac{\ell}{2c}, \frac{2\ell}{3c}, \frac{5\ell}{6c}, \frac{\ell}{c}, \frac{7\ell}{6c}, \frac{4\ell}{3c}, \frac{3\ell}{2c}, \frac{5\ell}{3c}, \frac{11\ell}{6c}, \frac{2\ell}{c}$$

としてみます．これは

$$\frac{c\pi t}{\ell} = 0, \frac{\pi}{6}, \frac{\pi}{3}, \frac{\pi}{2}, \frac{2}{3}\pi, \frac{5}{6}\pi, \pi, \frac{7}{6}\pi, \frac{4}{3}\pi, \frac{3}{2}\pi, \frac{5}{3}\pi, \frac{11}{6}\pi, 2\pi$$

となるように取っています．従って $g(t) = \cos\dfrac{c\pi t}{\ell}$ の値は順に

(5.17) $1, \dfrac{\sqrt{3}}{2}, \dfrac{1}{2}, 0, -\dfrac{1}{2}, -\dfrac{\sqrt{3}}{2}, -1, -\dfrac{\sqrt{3}}{2}, -\dfrac{1}{2}, 0, \dfrac{1}{2}, \dfrac{\sqrt{3}}{2}, 1$

となります．

先に説明したように，変数分離解の動きを見るには，グラフ $u = v(x)$ の形を元に，$g(t)$ の値に応じてそれを u 方向に延ばしたり縮めたりすればよいのでした．$v(x) = \sin\dfrac{\pi x}{\ell}$ において，$0 \leqq x \leqq \ell$ の範囲でグラフを考えることになりますから，sin の中身は 0 から π まで変化します．つまりグラフ $u = v(x)$ は，$y = \sin x$ のグラフの 0 から π までの部分を延ばした形となります．

図 5.10

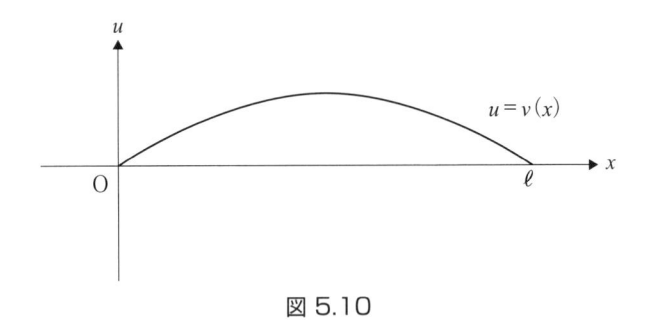

以上によって，アニメーションは次の図のようになります．

第 5 章 微分積分と三角関数

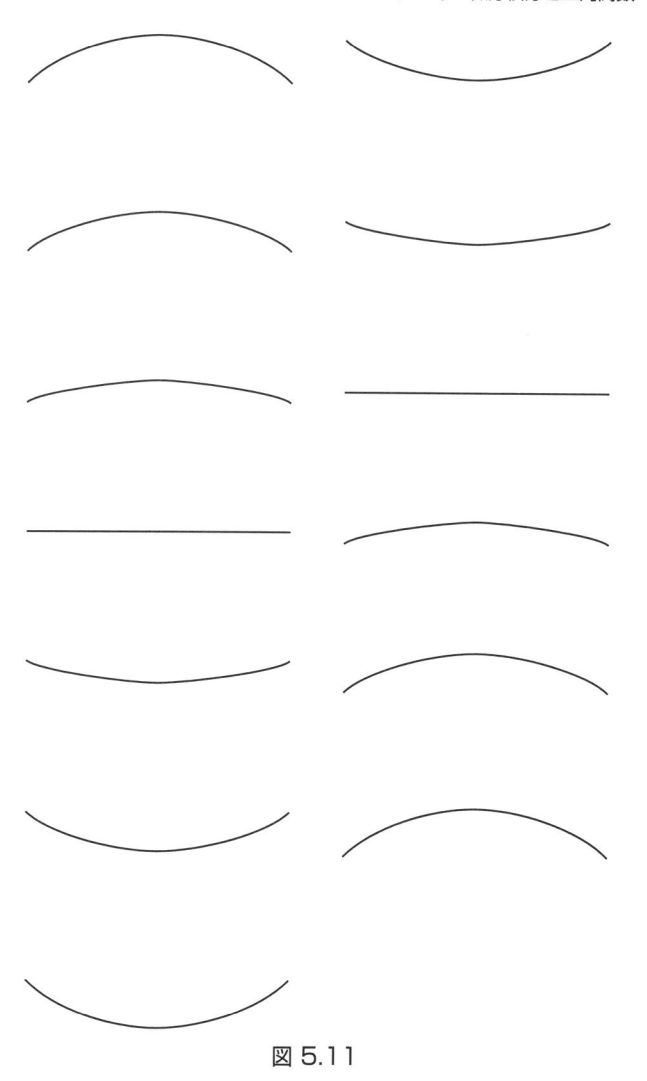

図 5.11

t が 0 から $\frac{2\ell}{c}$ まで経過すると，弦の形が元に戻ります．図 5.11 はこの 1 サイクルを表しています．さらに t が大きくなると，$g(t)$ はまた同じ動きを繰り返しますから，このサイクルが何回も繰り返されることになって，それが弦の振動の姿になります．

音の高さは周波数，つまり 1 秒間に振動する回数によって決まります．周波数が多い方が音は高くなります．1 回の振動にかかる時間を周期といいますが，その定義から周波数と周期は互いに逆数になっています．(5.16) の音の場合は，今見たように周期が $\frac{2\ell}{c}$ でした．よって周波数はその逆数で，$\frac{c}{2\ell}$ となります．これを見ると，弦の張力や密度が同じであれば，弦が短いほど（つまり ℓ が小さいほど）周波数は大きくなり，高い音になることが分かります．ヴァイオリンやギターでは，弦の途中を押さえることで音程を変化させますが，それは張力と密度を保ったまま弦の長さを変化させる（振動部分を短くする）ことで，周波数を多くして高い音を出すという操作になっているのです．また同様の理由で，大きな楽器ほど低い音が出せることも分かります．

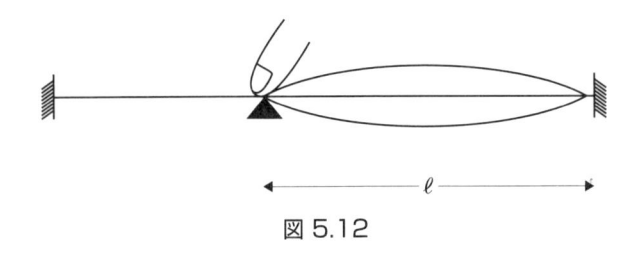

図 5.12

次に (5.15) で $n \geqq 2$ の場合を考えてみます．上と同様に

第 5 章 微分積分と三角関数

$a=1, \omega=0$ としておきましょう. n を取り替えることによる影響は, $g(t)$ と $v(x)$ の双方に現れます. まず $v(x) = \sin\dfrac{n\pi}{\ell}x$ について考えると, x が 0 から ℓ まで動くとき, $\sin$ の中身は 0 から $n\pi$ まで動くことになるので, 振動の元になるグラフ $u = v(x)$ が上下に合計 n 個の山を持つ形になります (図 5.13).

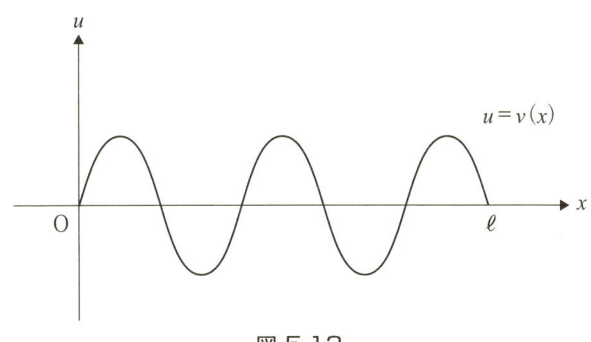

図 5.13

一方 $g(t) = \cos\dfrac{cn\pi}{\ell}t$ については, $n=1$ のときと同じく t が 0 から $\dfrac{2\ell}{c}$ まで動くときの値を考えると, $\cos$ の中身が 0 から $2n\pi$ まで動きますから, (5.17) という変化が与える 1 サイクルを n 回繰り返すことになります. 別な言い方をすると, 1 サイクルにかかる時間つまり周期が, $\dfrac{2\ell}{c}$ を n で割った値 $\dfrac{2\ell}{cn}$ になるということです. $n=2$ および $n=3$ の場合のアニメーションを描いてみましょう.

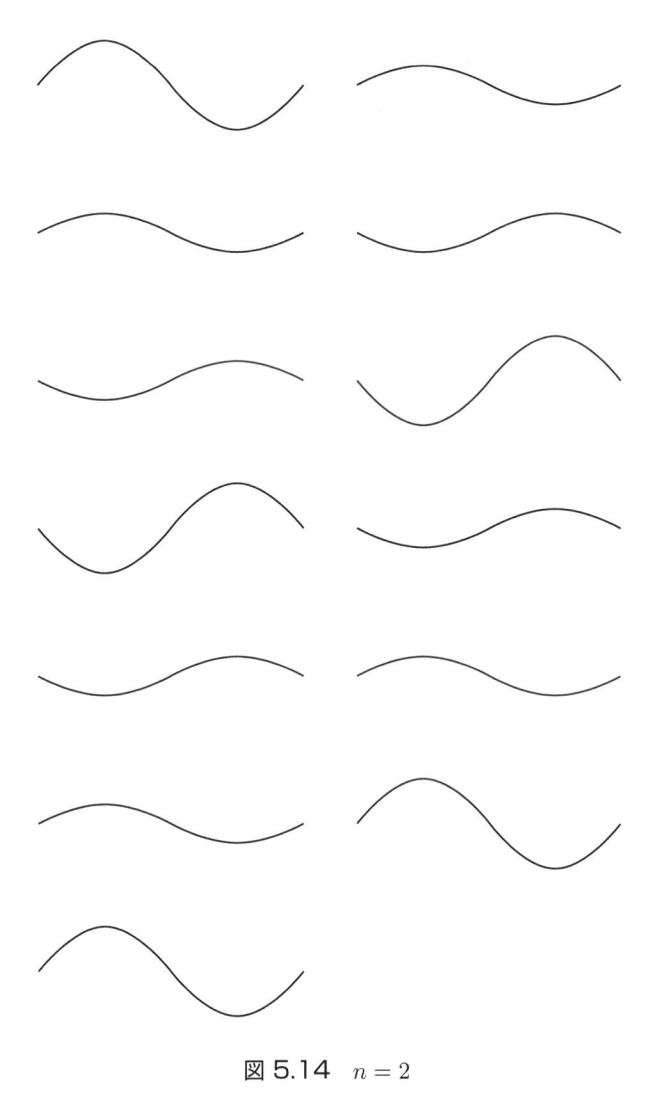

図 5.14 $n = 2$

第 5 章 微分積分と三角関数

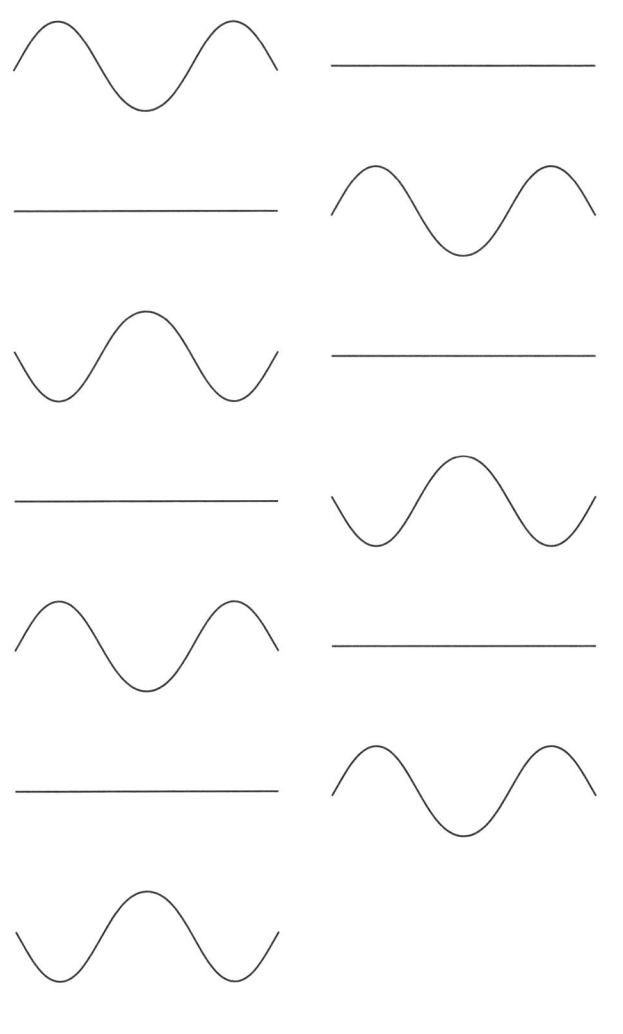

図 5.14 $n=3$

実際の音は，変数分離解をいくつか足し合わせたものになる，というのが変数分離法の手順でした．足し合わせることを，重ね合わせるといいます．そこで重ね合わせの様子を見てみることにしましょう．ここでも簡単のため，$\omega = 0$ の場合に話を限ることにします．

$$u_n(t,x) = \cos\frac{cn\pi}{\ell}t \cdot \sin\frac{n\pi}{\ell}x$$

とおきます．$u_n(t,x)$ は周期 $\dfrac{2\ell}{cn}$ の音でした．$n = 1$ のときの音，すなわち $u_1(t,x)$ が表す音を基音と呼び，$n > 1$ のとき $u_n(t,x)$ が表す音を n 倍音と呼びます．基音や倍音たちを重ね合わせるとどんな具合になるのかを見てみましょう．たとえば

$$u(t,x) = u_1(t,x) - \frac{2}{5}u_2(t,x) + \frac{1}{2}u_3(t,x)$$

はどんな音でしょうか．まず $t = 0$ のときの弦の形 $u = u(0,x)$ を見ましょう．

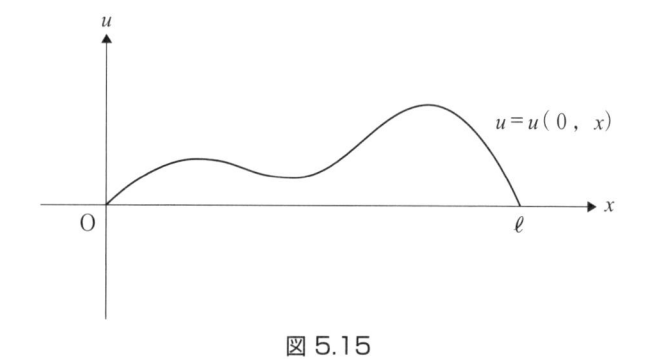

図 5.15

第 5 章 微分積分と三角関数

アニメーションは次の図のようになります．

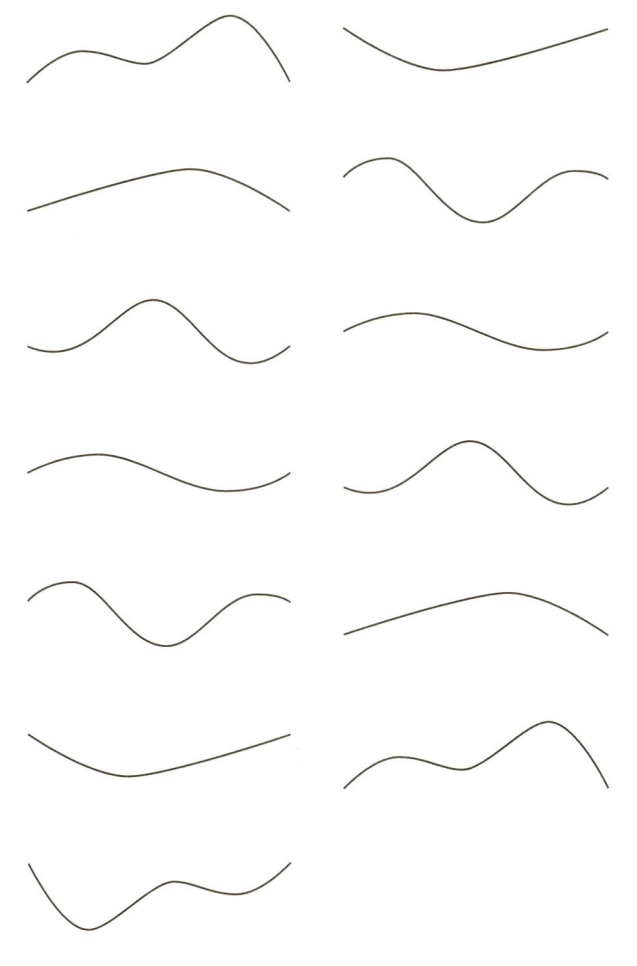

図 5.16

この音の周期は，基音の周期と同じ $\dfrac{2\ell}{c}$ となります．周期とは弦の形が元に戻るまでに要する時間のことでしたが，まず $u_1(t,x)$ は $\dfrac{2\ell}{c}$ 経過して初めて元の形に戻ります．一方 n 倍音 $u_n(t,x)$ の周期は $\dfrac{2\ell}{cn}$ なので，$\dfrac{2\ell}{cn}$ だけ経過すれば元の形に戻りますが，周期の整数倍の時間が経過してもやはり元の形になります．すると $\dfrac{2\ell}{cn}\times n=\dfrac{2\ell}{c}$ 経過したとき，基音も倍音もすべて元の形に戻ることになり，その和である $u(t,x)$ も元の形に戻ります．ということで基音と倍音の重ね合わせでできる音の周期も $\dfrac{2\ell}{c}$ となり，基音と同じ音程（音の高さ）になるのです．

　では基音と重ね合わせた音では何が違うのでしょうか．我々は振動中の弦の形（波形）がかなり違うことを見ました．この波形の違いは，実際の音にとっては音色の違いとして現れます．ではさらにどんな波形の音が美しいのか，追求してみたい気持ちにもなりますが，ジネット・ヌヴーの美しいヴァイオリンを聴いていると，自然科学の立ち入る領域ではないようにも思います．大まかに言うと，倍音を多く含む音が美しいことが知られています．

§3. フーリエ級数

　前節で，基音および倍音たちを重ね合わせると，いろいろ複雑な波形が実現でき，それが実際の音を与えることを見てきました．では逆に，どんな波形が重ね合わせで実現できる

のか，ということを考えてみましょう．以下では波形に注目して話を進めるため，時間によって変化する部分を取り除いて，

$$v_n(x) = \sin \frac{n\pi}{\ell} x$$

について考えていくことにします．

問題は，どんな曲線なら $v_n(x)$ たちの重ね合わせで表せるのか，ということです．たとえば次図のようなとがったところのある曲線や，とぎれがあるような線はどうでしょうか．

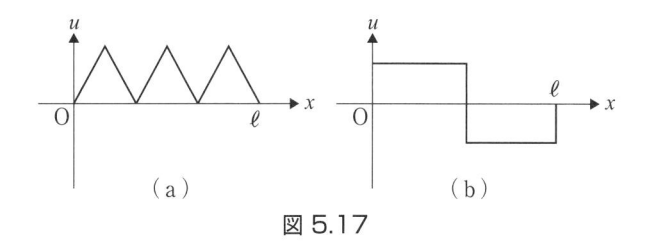

図 5.17

$v_n(x)$ のグラフ $u = v_n(x)$ はなめらかな曲線ですから，それらをいくら重ね合わせても図 5.17 のような形は実現できそうにありません．

図 5.18

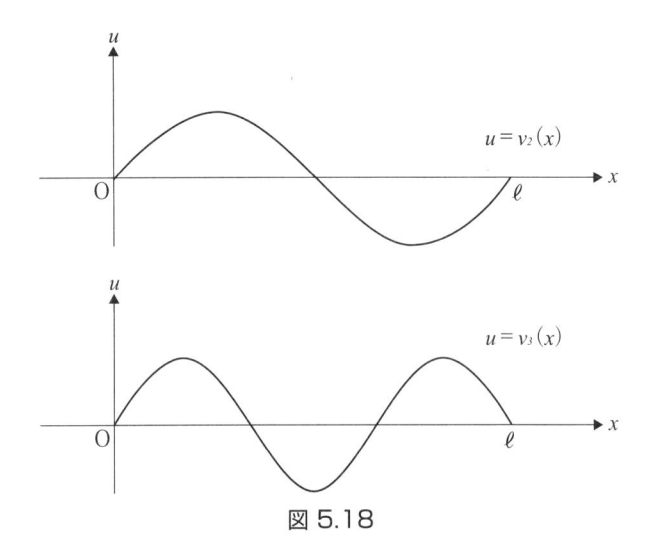

ところがフランスの数学者フーリエ (1768–1830) は，それが可能であると主張しました．これはよく考えると驚くべき主張で，我々でも直観的には信じがたいし，まして当時の人々にはなかなか受け入れられませんでした．しかし後に厳密な証明がなされたことで，フーリエの主張が正しいことが分かったのです．つまり，$v(0) = v(\ell) = 0$ を満たす関数 $v(x)$ に対して

$$(5.18) \quad v(x) = \sum_{n=1}^{\infty} a_n v_n(x) = \sum_{n=1}^{\infty} a_n \sin \frac{n\pi}{\ell} x$$

となるような定数 $a_1, a_2, a_3, \cdots$ が存在するのです．関数 $v(x)$ については $v(0) = v(\ell) = 0$ を満たせば何でもよいというわけにはいきませんが，なめらかな関数に限らずかなり広い範

第 5 章 微分積分と三角関数

囲の関数について成り立ちます.

右辺の無限和のことを，フーリエにちなんで**フーリエ級数**，または**フーリエ展開**と呼びます．フーリエの理論では，さらにこれらの定数 $a_1, a_2, a_3, \cdots$ をどのように見つければよいかも教えてくれます．そこで，その見つけ方の説明をしていきましょう．

ここで唐突ですが，ベクトルとその内積について思い出しましょう．xy–平面上のベクトル $\vec{v}$ は，始点を原点に持っていったときの終点の座標を用いて

$$\vec{v} = (a, b)$$

のように表されます．

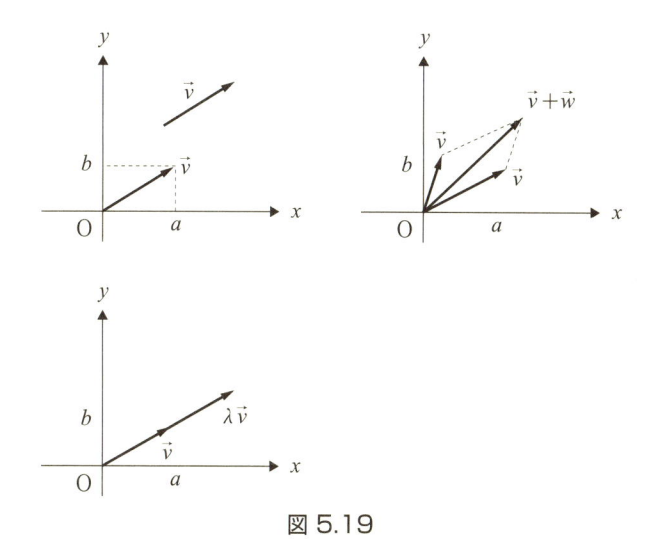

図 5.19

2 つのベクトル $\vec{v} = (a, b), \vec{w} = (c, d)$ に対して，その和は

$$\vec{v} + \vec{w} = (a + c, b + d)$$

で定義され，またベクトル $\vec{v} = (a, b)$ と実数 λ に対して，$\vec{v}$ の λ 倍が

$$\lambda \vec{v} = (\lambda a, \lambda b)$$

で定義されます．これらの操作を用いると，任意のベクトルを基本的なベクトルの「重ね合わせ」で表すことが可能になります．たとえば基本的なベクトルとして

$$\vec{e_1} = (1, 0), \quad \vec{e_2} = (0, 1)$$

をとると

$$\vec{v} = (a, b) = (a, 0) + (0, b) = a(1, 0) + b(0, 1) = a\vec{e_1} + b\vec{e_2}$$

という具合です．基本的なベクトルの組としては，$\{\vec{e_1}, \vec{e_2}\}$ に限る必要はなく，長さが 1 で互いに直交しているベクトルの組であればよいのです．たとえば

$$\vec{f_1} = \left(\frac{\sqrt{3}}{2}, \frac{1}{2}\right), \quad \vec{f_2} = \left(-\frac{1}{2}, \frac{\sqrt{3}}{2}\right)$$

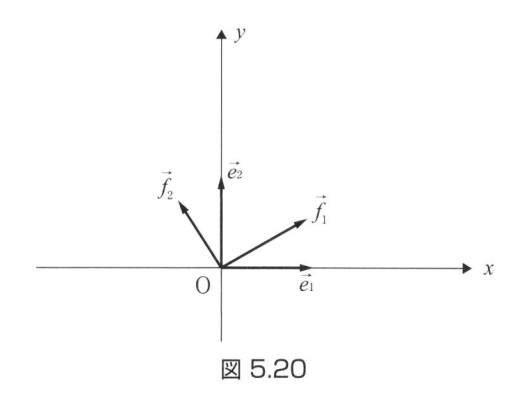

第 5 章 微分積分と三角関数

図 5.20

でもよいのです．ここで $\vec{v}$ を $\vec{f_1}$ と $\vec{f_2}$ の重ね合わせで表すことを考えます．つまり

$$(5.19) \qquad \vec{v} = (a,b) = \alpha \vec{f_1} + \beta \vec{f_2}$$

となるような実数 α, β を求めたいとします．この問題は素朴に考えれば，(5.19) の右辺を成分で表すことにより，

$$\begin{cases} \dfrac{\sqrt{3}}{2}\alpha - \dfrac{1}{2}\beta = a \\ \dfrac{1}{2}\alpha + \dfrac{\sqrt{3}}{2}\beta = b \end{cases}$$

という (α, β) に関する連立 1 次方程式になります．しかしこの場合には，ベクトルの内積を使うと，いとも簡単に答えが見つかるのです．

2 つのベクトル $\vec{v} = (a,b)$ と $\vec{w} = (c,d)$ の内積 $\langle \vec{v}, \vec{w} \rangle$ は，

$$(5.20) \qquad \langle \vec{v}, \vec{w} \rangle = ac + bd$$

という簡単な式で定義されるのですが，この内積は図形的に重要な性質を持っています．まず自分自身との内積は，そのベクトルの長さの 2 乗になります．

$$\langle \vec{v}, \vec{v} \rangle = ||\vec{v}||^2.$$

次に，直交している 2 つのベクトルの内積は 0 になります．

$$\vec{v} \perp \vec{w} \implies \langle \vec{v}, \vec{w} \rangle = 0.$$

さらにこれは定義式 (5.20) から，

(5.21)
$$\langle \vec{v} + \vec{w}, \vec{u} \rangle = \langle \vec{v}, \vec{u} \rangle + \langle \vec{w}, \vec{u} \rangle$$
$$\langle \lambda \vec{v}, \vec{w} \rangle = \lambda \langle \vec{v}, \vec{w} \rangle$$

がすぐに分かります．これらの性質を利用すると，(5.19) の α, β は，次のように内積をとるだけで，連立 1 次方程式などを解かなくても求まるのです．

$$\alpha = \langle \vec{v}, \vec{f_1} \rangle, \quad \beta = \langle \vec{v}, \vec{f_2} \rangle.$$

なぜなら，(5.19) の形を仮定すると，

$$\langle \vec{v}, \vec{f_1} \rangle = \langle \alpha \vec{f_1} + \beta \vec{f_2}, \vec{f_1} \rangle$$
$$= \langle \alpha \vec{f_1}, \vec{f_1} \rangle + \langle \beta \vec{f_2}, \vec{f_1} \rangle$$
$$= \alpha \langle \vec{f_1}, \vec{f_1} \rangle + \beta \langle \vec{f_2}, \vec{f_1} \rangle$$
$$= \alpha ||\vec{f_1}||^2$$
$$= \alpha$$

となるからです．$\beta = \langle \vec{v}, \vec{f_2} \rangle$ についても同様です．これらの

第 5 章 微分積分と三角関数

計算においては, $\vec{f_1}, \vec{f_2}$ の長さが 1 であることと, $\vec{f_1}$ と $\vec{f_2}$ が直交していることを用いています.

ここで元の問題 (5.18) を眺めてみると, (5.19) とよく似ていることに気づくでしょう. (5.18) における $a_1, a_2, a_3, \ldots$ を求める問題は, (5.19) における α, β を求める問題に対応しています. それなら (5.18) においても内積の方法が使えるのではないか, と考えるのは自然です. フーリエ展開の理論の発想は, まさにここにあります.

この発想を実現するため, 問題 (5.18) における「内積」をうまく定義しなくてはなりません. 内積をどのように定義すればよいかを考えるため, 仮に内積が定義されていたらどうやって問題が解けるか, ということを見てみます. ベクトルの場合にならうと, フーリエ展開 (5.18) における係数の 1 つ a_m を求める方法は次のようになるでしょう.

$$
\begin{aligned}
\langle v(x), v_m(x) \rangle &= \left\langle \sum_{n=1}^{\infty} a_n v_n(x), v_m(x) \right\rangle \\
&= \sum_{n=1}^{\infty} \langle a_n v_n(x), v_m(x) \rangle \\
&= \sum_{n=1}^{\infty} a_n \langle v_n(x), v_m(x) \rangle \\
&= a_m \langle v_m(x), v_m(x) \rangle \\
&= a_m
\end{aligned}
$$

つまりフーリエ展開をしたい関数 $v(x)$ と $v_m(x)$ の「内積」をとると、自動的にフーリエ展開における $v_m(x)$ にかかる係数 a_m が得られる、ということです。そのために、上の計算で「内積」のどんな性質が用いられたかを調べ、逆にその性質を持つように「内積」を定義すればよいということになります。

この計算で用いられた内積の性質は、よく見ると (5.21) に挙げた性質だけです。内積の持つ図形的な意味は、この計算には関係していません。そしてもう 1 つ必要な式として、

$$
\begin{aligned}
&\langle v_n(x), v_m(x)\rangle = 0 \quad (n \neq m \text{ のとき}), \\
&\langle v_m(x), v_m(x)\rangle = 1
\end{aligned}
\tag{5.22}
$$

があります。これは内積の満たすべき性質というよりは、この内積に対する $\{v_n(x)\}$ の振る舞い、つまり関数列 $\{v_n(x)\}$ がこの内積に対して「基本的な関数列」になっているかどうかの問題です。

このように見てくると、$v(x)$ のフーリエ展開を求めるためには、$\{v_n(x)\}$ を基本的な（つまり (5.22) が成り立つような）関数列とするような内積が定義できればよい、ということになります。このときの内積とは、(5.21) を満たすようなものということです。実はこの望まれている内積は、積分を用いて定義することができます。次のようにします。

$$
\langle v(x), w(x)\rangle = \frac{2}{\ell} \int_0^\ell v(x) w(x) dx.
\tag{5.23}
$$

本書では積分についても扱わないため、これが要請されている条件をすべて満たす内積になっていることの証明はでき

ません.ただ積分を知っている読者のためにコメントしておくと,(5.23) と定義したとき (5.22) が成り立つことを示すには,三角関数の積を和で表す公式 (2.22) が使われます.

ともあれ,これでフーリエ展開の係数を計算する具体的な数学的手段があることが分かりました.この手段を使って,図 5.17 に登場したグラフを,フーリエ展開で実現してみましょう.まず図 5.17 の (a) の方の関数を $v(x)$ とすると,

$$v(x) = -\frac{24(-2+\sqrt{3})}{\pi^2}\sin x + \frac{8}{3\pi^2}\sin 3x$$
$$+\frac{24(2+\sqrt{3})}{25\pi^2}\sin 5x - \frac{24(2+\sqrt{3})}{49\pi^2}\sin 7x$$
$$-\frac{8}{27\pi^2}\sin 9x + \frac{24(-2+\sqrt{3})}{121\pi^2}\sin 11x + \cdots$$

となります.和は無限に続きますが,途中で打ち切って,そのグラフと図 5.17(a) とを見比べましょう.図 5.21(a) はそれぞれ 1 項目,2 項目,3 項目,4 項目で打ち切った関数のグラフを重ねて描いたものです.(b) の方は,6 項目で打ち切った関数のグラフです.

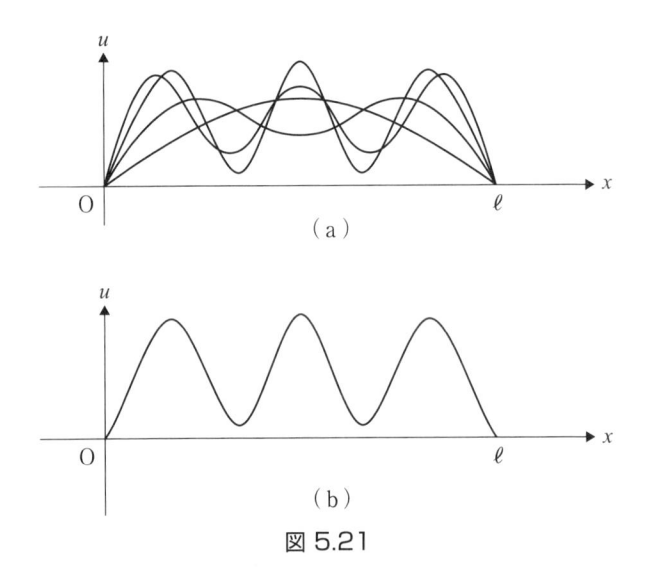

図 5.21

最後に図 5.17(b) の関数を $w(x)$ とし，そのフーリエ展開を計算します．

$$w(x) = \frac{4}{\pi}\sin 2x + \frac{4}{3\pi}\sin 6x + \frac{4}{5\pi}\sin 10x + \frac{4}{7\pi}\sin 14x$$
$$+ \frac{4}{9\pi}\sin 18x + \frac{4}{11\pi}\sin 22x + \cdots$$

これも途中で打ち切って，そのグラフと図 5.17(b) を見比べてみます．図 5.22(a) はそれぞれ 1 項目，2 項目，3 項目，4 項目で打ち切った関数のグラフを重ねて描いたものです．(b) の方は，5 項目で打ち切った関数のグラフです．

第 5 章 微分積分と三角関数

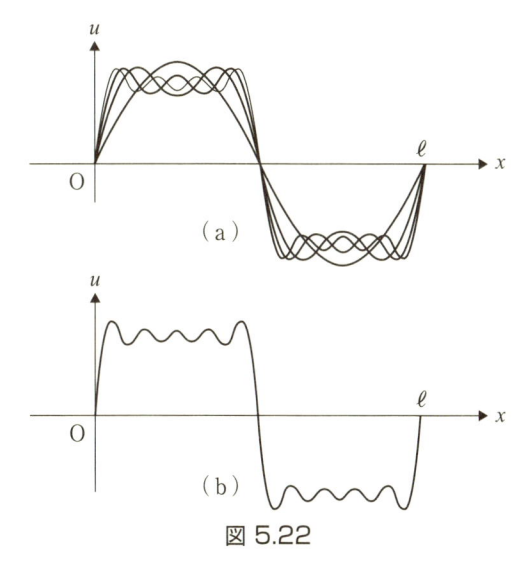

図 5.22

見事に $w(x)$ を実現しつつあることが分かると思います.

§4. 加法定理（定理 4.1）の証明

第 4 章で，一般角に対する三角関数の加法定理も鋭角に対する場合と同じ形で成立することを紹介し（定理 4.1），その証明を第 5 章のフーリエ級数のあとで与えると予告していました．その約束を果たしましょう．

ここで紹介する証明方法の発想は，座標軸を回転させることです．$\sin$ や $\cos$ の $\alpha+\beta$ での値を求めたいのですが，そのために座標軸を角度 α だけ回転させ，回転後の座標軸で角度 β を測ると，回転前の座標軸にとっては角度 $\alpha+\beta$ が実現さ

れたことになります.

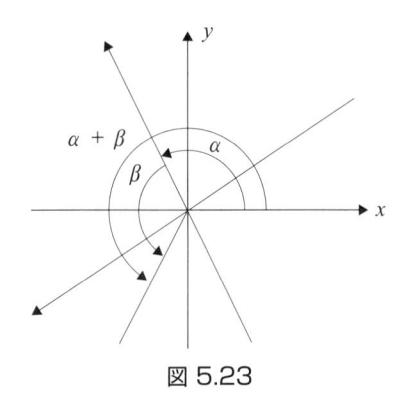

図 5.23

　この発想を実現するため，回転による座標の変換について考えます．xy–平面上の点 $P(x,y)$ を考え，P は動かさずに座標軸だけを角度 α 回転させたとき，P は新しい座標軸である X 軸と Y 軸で表される XY–平面上の点と見ることもできるので，XY–平面上の点と見たときの座標 (X, Y) が決まります．つまり同じ点 P を xy–平面上の点と見たときの座標が (x, y) であり，XY–平面上の点と見たときの座標が (X, Y) であるとするのです．これは例えるなら，東京は札幌から南西の方向にあるということもできるし，鹿児島から北東の方向にあるということもできるように，基準となるものを取り替えると同じもの（東京）が違った風に表されるということに相当します．

第 5 章 微分積分と三角関数

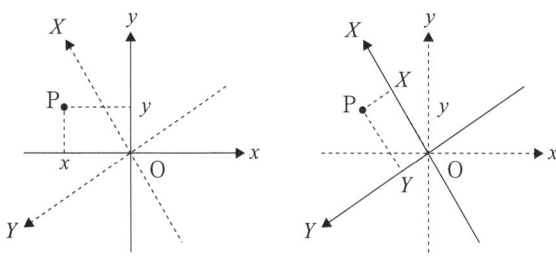

図 5.24

そこで (x,y) と (X,Y) の関係を求めましょう．xy–平面上の点と見たときの座標 (x,y) とは何か，ということをまじめに考えると，ベクトル $\overrightarrow{\mathrm{OP}}$ を，x 軸方向の長さ 1 のベクトル $\vec{e}_1 = (1,0)$ と y 軸方向の長さ 1 のベクトル $\vec{e}_2 = (0,1)$ の重ね合わせで表したときの，それぞれの係数を並べたものです．

$$(5.24) \quad \overrightarrow{\mathrm{OP}} = (x,y) = x(1,0) + y(0,1) = x\vec{e}_1 + y\vec{e}_2.$$

座標をこのようにとらえると，(X,Y) 座標の求め方が分かります．X 軸方向の長さ 1 のベクトルを $\vec{f}_1$，Y 軸方向の長さ 1 のベクトルを $\vec{f}_2$ として，

$$(5.25) \quad \overrightarrow{\mathrm{OP}} = X\vec{f}_1 + Y\vec{f}_2$$

と表したときの係数 X と Y を読めばよいのです．同じベクトル $\overrightarrow{\mathrm{OP}}$ が 2 通りに表されているだけですから，(5.24), (5.25) から

$$x\vec{e}_1 + y\vec{e}_2 = X\vec{f}_1 + Y\vec{f}_2$$

が成り立つことが分かります．

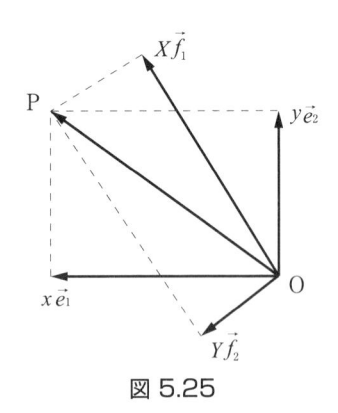

図 5.25

そこで $\vec{f_1}, \vec{f_2}$ を求めておきましょう．この2つのベクトルを，xy–平面上のベクトルと見たときの成分表示，言い換えるとそれぞれを終点の xy–平面上の点と見たときの座標を求めるわけです．まず $\vec{f_1}$ の終点については，x 軸上の点 $(1,0)$ を角度 α 回転した点ですから，三角関数の定義からただちに

(5.26) $$\vec{f_1} = (\cos\alpha, \sin\alpha)$$

が分かります．$\vec{f_2}$ の終点については，y 軸上の点 $(0,1)$ を角度 α 回転した点ですが，x 軸上の点 $(1,0)$ を $\alpha + 90°$ 回転した点と思うこともできます．するとやはり三角関数の定義より，

$$\vec{f_2} = (\cos(\alpha + 90°), \sin(\alpha + 90°))$$

となります．ここで問 3.2 の答えを使わせてもらうと，右辺は $(-\sin\alpha, \cos\alpha)$ に等しいことが分かります．すなわち

(5.27) $$\vec{f_2} = (-\sin\alpha, \cos\alpha).$$

ここで前節の内容を思い出すと，$\vec{f_1}, \vec{f_2}$ は互いに直交する長さ 1 のベクトルでしたから，任意のベクトルを $\vec{f_1}$ と $\vec{f_2}$ の重ね合わせで表したときの係数は，内積を用いて計算できるのでした．(5.26) と (5.27) で $\vec{f_1}$ と $\vec{f_2}$ の成分が分かりましたから，このことから

$$X = \langle \overrightarrow{\mathrm{OP}}, \vec{f_1} \rangle = x\cos\alpha + y\sin\alpha,$$
$$Y = \langle \overrightarrow{\mathrm{OP}}, \vec{f_2} \rangle = x(-\sin\alpha) + y\cos\alpha$$

が得られます．こうして我々は，同一の点の回転前の座標軸による座標 (x,y) と回転後の座標軸による座標 (X,Y) の関係式を手に入れました．あらためて書いておくと，

(5.28) $$\begin{cases} X = \cos\alpha \cdot x + \sin\alpha \cdot y \\ Y = -\sin\alpha \cdot x + \cos\alpha \cdot y \end{cases}$$

となります．

では加法定理（定理 4.1）の証明にかかりましょう．まず XY–平面は xy–平面を回転しただけのものですから，単位円は xy–平面でも XY–平面でも同じ図形であるということを注意しておきます．

XY–平面の単位円上に，X 軸の正の向きから測った角度が β となる点 Q をとります．これは三角関数の定義により，その座標が $(X,Y) = (\cos\beta, \sin\beta)$ となる点ということになり

ます．

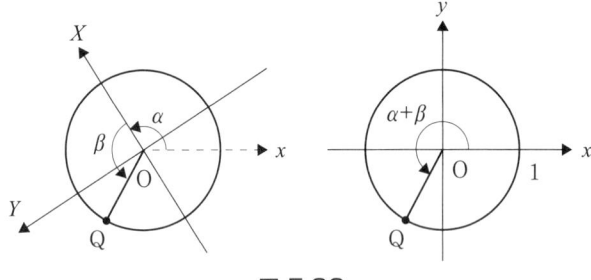

図 5.26

この点を xy–平面上の点と見たときの座標 (x, y) は，関係式 (5.28) を用いて求めることができます．すなわち

(5.29) $$\begin{cases} \cos\beta = \cos\alpha \cdot x + \sin\alpha \cdot y \\ \sin\beta = -\sin\alpha \cdot x + \cos\alpha \cdot y \end{cases}$$

を x, y について解けばよいのです．y を消去するため，(5.29) の第 1 式に $\cos\alpha$ を掛け，第 2 式に $\sin\alpha$ を掛けて辺々引き算すると，

$$\cos\alpha\cos\beta - \sin\alpha\sin\beta = (\cos^2\alpha + \sin^2\alpha)x$$

となりますが，$\cos^2\alpha + \sin^2\alpha = 1$ により

(5.30) $$x = \cos\alpha\cos\beta - \sin\alpha\sin\beta$$

が得られます．x を消去するには，(5.29) の第 1 式に $\sin\alpha$ を掛け，第 2 式に $\cos\alpha$ を掛けて辺々足し算します．同様に計算すると，

(5.31) $$y = \sin\alpha\cos\beta + \cos\alpha\sin\beta$$

が得られます.

ところで図 5.26 を見てもらうと分かるように,点 Q を xy-平面上の点と見るとそれはやはり単位円上の点で,x 軸の正の向きから測った角度が $\alpha+\beta$ となる点になっています.したがってその座標は,三角関数の定義により $(x,y) = (\cos(\alpha+\beta), \sin(\alpha+\beta))$ です.これを (5.30), (5.31) と組み合わせることで,

$$\begin{cases} \cos(\alpha+\beta) = \cos\alpha\cos\beta - \sin\alpha\sin\beta \\ \sin(\alpha+\beta) = \sin\alpha\cos\beta + \cos\alpha\sin\beta \end{cases}$$

が得られ,これが示したかった加法定理(sin および cos に関する)でした.

なお tan に関する加法定理は,今の結果と

$$\tan\theta = \frac{\sin\theta}{\cos\theta}$$

を組み合わせることですぐに示されます.また定理 4.1 の後半,つまり角度 $\alpha-\beta$ についての公式は,定理 4.1 のあとに注意してあるように,β を $-\beta$ に置き換えることで前半の公式から導くことができます.以上で定理 4.1 の証明を終わります.

問の解答

問 2.1

$$\tan 75° = \tan(45° + 30°) = \frac{\tan 45° + \tan 30°}{1 - \tan 45° \tan 30°}$$

$$= \frac{1 + \dfrac{1}{\sqrt{3}}}{1 - 1 \cdot \dfrac{1}{\sqrt{3}}} = \frac{\sqrt{3} + 1}{\sqrt{3} - 1} = 2 + \sqrt{3}$$

問 2.2 (2.8) により

$$\sin(\alpha + \beta) - \sin(\alpha - \beta) = 2\cos\alpha \sin\beta$$
$$\cos(\alpha + \beta) + \cos(\alpha - \beta) = 2\cos\alpha \cos\beta$$
$$\cos(\alpha + \beta) - \cos(\alpha - \beta) = -2\sin\alpha \sin\beta$$

が得られる．ここで $\alpha + \beta = A, \alpha - \beta = B$ とおくと $\alpha = \dfrac{A+B}{2}, \beta = \dfrac{A-B}{2}$ となるので，これらを代入すると (2.17), (2.18), (2.19) を得る．また (2.21) と (2.22) は上の第 2, 3 式からただちに得られる．

問 3.1 図 A.1 により $\sin 135° = \dfrac{1}{\sqrt{2}}$, $\cos 135° = -\dfrac{1}{\sqrt{2}}$ が分かる．

図 A.1

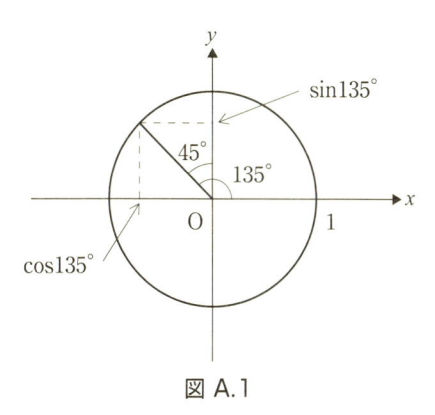

問 3.2 図 A.2 により,

$$\sin(90° + \theta) = \cos\theta, \quad \cos(90° + \theta) = -\sin\theta$$

が分かる.

図 A.2

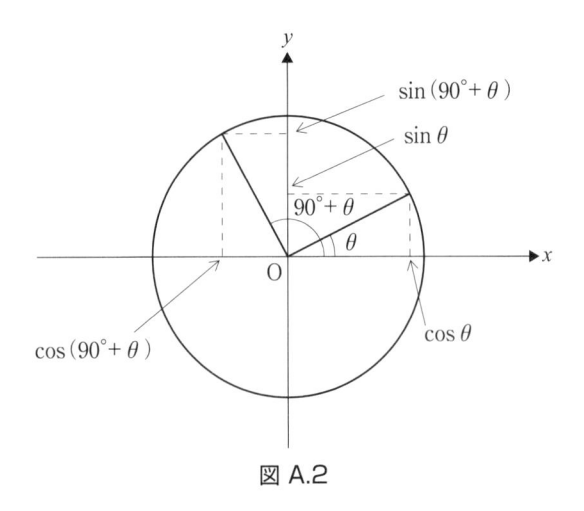

問 3.3 （省略）

問 3.4 図 A.3 のような直角三角形を考えると，

$$\sin B = \frac{b}{c}, \quad \sin A = \frac{a}{c}, \quad \sin C = \sin 90° = 1$$

したがって

$$\frac{b}{\sin B} = \frac{a}{\sin A} = c = \frac{c}{\sin C}$$

となり，正弦定理がやはり成立する．

図 A.3

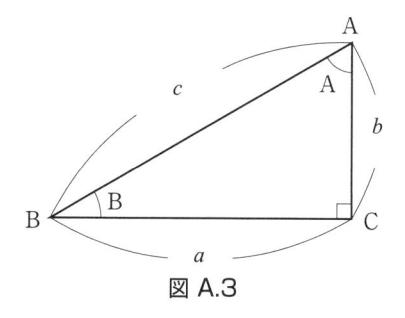

問 3.5 前問と同じ図 A.3 の直角三角形を考えると，$\cos C = \cos 90° = 0$ である．一方ピタゴラスの定理により，

$$c^2 = a^2 + b^2$$

が成り立っており，これはたしかに余弦定理で $\cos C = 0$ の場合の式になっている．

問 4.1
(1)
$$270° = \frac{3}{2}\pi,\ 15° = \frac{\pi}{12},\ 135° = \frac{3}{4}\pi,\ 300° = \frac{5}{3}\pi,\ 22.5° = \frac{\pi}{8}$$

(2) $\quad \pi = 180°, \quad \frac{4}{5}\pi = 144°, \quad \frac{5}{12}\pi = 75°, \quad \frac{\pi}{8} = 22.5°$

公式集

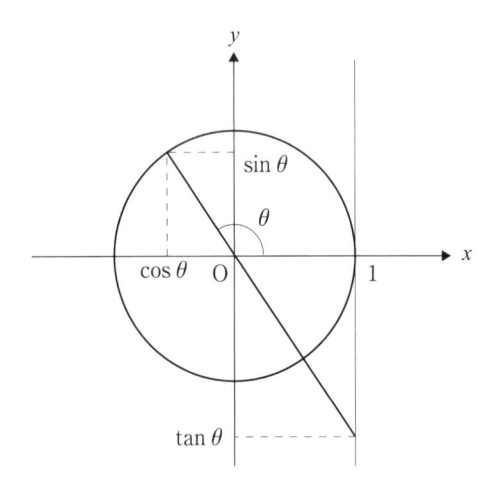

定義

基本的な公式 (覚える必要あり)

$$\tan\theta = \frac{\sin\theta}{\cos\theta}$$
$$\sin^2\theta + \cos^2\theta = 1$$
$$\sin(-\theta) = -\sin\theta, \quad \cos(-\theta) = \cos\theta$$
$$\sin(\theta + 2n\pi) = \sin\theta, \quad \cos(\theta + 2n\pi) = \cos\theta \quad (n\text{ は整数})$$
$$\sin(90° - \theta) = \cos\theta, \quad \cos(90° - \theta) = \sin\theta$$
$$\sin(\alpha + \beta) = \sin\alpha\cos\beta + \cos\alpha\sin\beta \quad (\text{加法定理})$$
$$\cos(\alpha + \beta) = \cos\alpha\cos\beta - \sin\alpha\sin\beta \quad (\text{加法定理})$$

三角形に関する公式

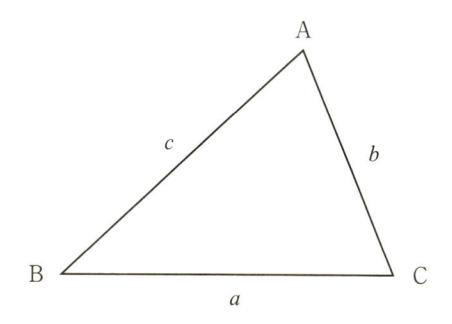

$$\frac{a}{\sin A} = \frac{b}{\sin B} = \frac{c}{\sin C} \quad (\text{正弦定理})$$
$$c^2 = a^2 + b^2 - 2ab\cos C \quad (\text{余弦定理})$$

基本的な公式から導かれる公式 （無理して覚えなくてもよい）

$$\tan(-\theta) = -\tan\theta$$

$$\tan(\theta + n\pi) = \tan\theta \quad (n\text{ は整数})$$

$$\tan(\alpha + \beta) = \frac{\tan\alpha + \tan\beta}{1 - \tan\alpha \tan\beta} \quad (\text{加法定理})$$

$$\sin 2\theta = 2\sin\theta \cos\theta \quad (\text{倍角の公式})$$

$$\cos 2\theta = \cos^2\theta - \sin^2\theta \quad (\text{倍角の公式})$$

$$\sin^2\frac{\theta}{2} = \frac{1 - \cos\theta}{2} \quad (\text{半角の公式})$$

$$\cos^2\frac{\theta}{2} = \frac{1 + \cos\theta}{2} \quad (\text{半角の公式})$$

$$\sin A + \sin B = 2\sin\frac{A+B}{2}\cos\frac{A-B}{2}$$

$$\sin A - \sin B = 2\cos\frac{A+B}{2}\sin\frac{A-B}{2}$$

$$\cos A + \cos B = 2\cos\frac{A+B}{2}\cos\frac{A-B}{2}$$

$$\cos A - \cos B = -2\sin\frac{A+B}{2}\sin\frac{A-B}{2}$$

$$\sin\alpha \cos\beta = \frac{\sin(\alpha+\beta) + \sin(\alpha-\beta)}{2}$$

$$\cos\alpha \cos\beta = \frac{\cos(\alpha+\beta) + \cos(\alpha-\beta)}{2}$$

$$\sin\alpha \sin\beta = \frac{\cos(\alpha-\beta) - \cos(\alpha+\beta)}{2}$$

特殊値

$$\sin 0 = 0, \ \sin\frac{\pi}{6}=\frac{1}{2}, \ \sin\frac{\pi}{4}=\frac{1}{\sqrt{2}}, \ \sin\frac{\pi}{3}=\frac{\sqrt{3}}{2}, \ \sin\frac{\pi}{2}=1$$

$$\cos 0 = 1, \ \cos\frac{\pi}{6}=\frac{\sqrt{3}}{2}, \ \cos\frac{\pi}{4}=\frac{1}{\sqrt{2}}, \ \cos\frac{\pi}{3}=\frac{1}{2}, \ \cos\frac{\pi}{2}=0$$

テイラー展開

$$\sin x = \sum_{n=0}^{\infty} \frac{(-1)^n}{(2n+1)!} x^{2n+1}$$

$$\cos x = \sum_{n=0}^{\infty} \frac{(-1)^n}{(2n)!} x^{2n}$$

三角関数表

角	正弦(sin)	余弦(cos)	正接(tan)	角	正弦(sin)	余弦(cos)	正接(tan)
0°	0.0000	1.0000	0.0000	20°	0.3420	0.9397	0.3640
1°	0.0175	0.9998	0.0175	21°	0.3584	0.9336	0.3839
2°	0.0349	0.9994	0.0349	22°	0.3746	0.9272	0.4040
3°	0.0523	0.9986	0.0524	23°	0.3907	0.9205	0.4245
4°	0.0698	0.9976	0.0699	24°	0.4067	0.9135	0.4452
5°	0.0872	0.9962	0.0875	25°	0.4226	0.9063	0.4663
6°	0.1045	0.9945	0.1051	26°	0.4384	0.8988	0.4877
7°	0.1219	0.9925	0.1228	27°	0.4540	0.8910	0.5095
8°	0.1392	0.9903	0.1405	28°	0.4695	0.8829	0.5317
9°	0.1564	0.9877	0.1584	29°	0.4848	0.8746	0.5543
10°	0.1736	0.9848	0.1763	30°	0.5000	0.8660	0.5774
11°	0.1908	0.9816	0.1944	31°	0.5150	0.8572	0.6009
12°	0.2079	0.9781	0.2126	32°	0.5299	0.8480	0.6249
13°	0.2250	0.9744	0.2309	33°	0.5446	0.8387	0.6494
14°	0.2419	0.9703	0.2493	34°	0.5592	0.8290	0.6745
15°	0.2588	0.9659	0.2679	35°	0.5736	0.8192	0.7002
16°	0.2756	0.9613	0.2867	36°	0.5878	0.8090	0.7265
17°	0.2924	0.9563	0.3057	37°	0.6018	0.7986	0.7536
18°	0.3090	0.9511	0.3249	38°	0.6157	0.7880	0.7813
19°	0.3256	0.9455	0.3443	39°	0.6293	0.7771	0.8098
20°	0.3420	0.9397	0.3640	40°	0.6428	0.7660	0.8391

角	正弦(sin)	余弦(cos)	正接(tan)	角	正弦(sin)	余弦(cos)	正接(tan)
40°	0.6428	0.7660	0.8391	65°	0.9063	0.4226	2.1445
41°	0.6561	0.7547	0.8693	66°	0.9135	0.4067	2.2460
42°	0.6691	0.7431	0.9004	67°	0.9205	0.3907	2.3559
43°	0.6820	0.7314	0.9325	68°	0.9272	0.3746	2.4751
44°	0.6947	0.7193	0.9657	69°	0.9336	0.3584	2.6051
45°	0.7071	0.7071	1.0000	70°	0.9397	0.3420	2.7475
46°	0.7193	0.6947	1.0355	71°	0.9455	0.3256	2.9042
47°	0.7314	0.6820	1.0724	72°	0.9511	0.3090	3.0777
48°	0.7431	0.6691	1.1106	73°	0.9563	0.2924	3.2709
49°	0.7547	0.6561	1.1504	74°	0.9613	0.2756	3.4874
50°	0.7660	0.6428	1.1918	75°	0.9659	0.2588	3.7321
51°	0.7771	0.6293	1.2349	76°	0.9703	0.2419	4.0108
52°	0.7880	0.6157	1.2799	77°	0.9744	0.2250	4.3315
53°	0.7986	0.6018	1.3270	78°	0.9781	0.2079	4.7046
54°	0.8090	0.5878	1.3764	79°	0.9816	0.1908	5.1446
55°	0.8192	0.5736	1.4281	80°	0.9848	0.1736	5.6713
56°	0.8290	0.5592	1.4826	81°	0.9877	0.1564	6.3138
57°	0.8387	0.5446	1.5399	82°	0.9903	0.1392	7.1154
58°	0.8480	0.5299	1.6003	83°	0.9925	0.1219	8.1443
59°	0.8572	0.5150	1.6643	84°	0.9945	0.1045	9.5144
60°	0.8660	0.5000	1.7321	85°	0.9962	0.0872	11.4301
61°	0.8746	0.4848	1.8040	86°	0.9976	0.0698	14.3007
62°	0.8829	0.4695	1.8807	87°	0.9986	0.0523	19.0811
63°	0.8910	0.4540	1.9626	88°	0.9994	0.0349	28.6363
64°	0.8988	0.4384	2.0503	89°	0.9998	0.0175	57.2900
65°	0.9063	0.4226	2.1445	90°	1.0000	0.0000	

参考書

[1] 朝永振一郎『物理学とは何だろうか(上・下)』岩波新書
[2] 原岡喜重『教程 微分積分』日本評論社

2冊とも，本文中に言及した本です．[1]は第2章§4でケプラーの法則の説明をしたところ，[2]は第5章で三角関数に微分積分を組み合わせる話をしたところで挙げました．

本書ではケプラーの法則について三角関数が関わる部分だけを取り上げて解説しましたが，それを含む近代物理学誕生の壮大なストーリーが[1]に描かれています．

微分積分を学ぶと，三角関数の関わる世界がはるかに開けてきます．[2]は大学初年級の微分積分の教科書として書いたものですが，テイラー展開や弦の音など本書の話題に関わる説明を詳しくしてありますので，参考にして下さい．

なおここでは具体的な書名は挙げませんが，三角関数の物理学への応用やフーリエ級数については多くの専門書および啓蒙書で触れられています．それぞれの興味に応じて肌に合う本を探して頂きたいと思います．

さくいん

【数字、アルファベット】

2 変数関数	107
cos	18
cos の加法定理	28
sin	18
sin の加法定理	28
tan	18
tan の加法定理	28

【あ行】

一般角	82
運動法則	51
鋭角三角形	41
遠近感	10

【か行】

拡大	16
重ね合わせ	130
加法定理	71, 90, 137, 141, 143
基音	124
軌道	50
基本的な関数列	134
境界条件	108, 114
ケプラー	50
ケプラーの第 1 法則	50
弦の振動	105, 107
コサイン	19
弧度法	94

【さ行】

サイン	19
三角関数	19
三角関数の加法定理	28
三角関数表	24, 99, 152
三角定規	20
三平方の定理	25, 45
時間	83
時刻	83
収束する	101
縮小	16
焦点	50, 56
正弦	19
正弦定理	43, 49, 53, 56, 74, 76
正三角形の半分	20
正接	19
積を和で表す公式	38
相似	16

【た行】

第 1 象限	58
第 2 象限	58
第 3 象限	58
第 4 象限	58

楕円	50, 56
多項式	100
単位円	58, 63
タンジェント	19
頂角	14
直角三角形	25
直角二等辺三角形	20
ティコ=ブラーエ	50
テイラー展開	100
テイラーの定理	100
度数法	93
鈍角三角形	44

【な行】

内角	12
内積	129, 132, 134
二等辺三角形	11
ニュートン	50
ニュートンの運動法則	107
ニュートン力学	50, 107

【は行】

倍音	124
倍角の公式	33
波動方程式	108, 114
半角の公式	35
ピタゴラスの定理	25, 45
複素関数論	61
フーリエ	128
フーリエ級数	129
フーリエ展開	129, 133

ベキ級数	100
ヘロンの公式	49
変数分離解	109, 124
変数分離法	108, 124
辺の比	18
偏微分	108

【や・ら・わ行】

余弦	19
余弦定理	44, 77, 78
ラジアン	94
和と積を入れ替える公式	37
和を積で表す公式	38

N.D.C.413　　156p　　18cm

ブルーバックス　B-1479

なるほど高校数学　三角関数の物語
なっとくして、ほんとうに理解できる

2005年 5 月20日　第 1 刷発行
2021年 6 月16日　第 8 刷発行

著者	原岡喜重（はらおかよししげ）
発行者	鈴木章一
発行所	株式会社講談社
	〒112-8001 東京都文京区音羽2-12-21
電話	出版　03-5395-3524
	販売　03-5395-4415
	業務　03-5395-3615
印刷所	（本文印刷）豊国印刷 株式会社
	（カバー表紙印刷）信毎書籍印刷 株式会社
製本所	株式会社国宝社

定価はカバーに表示してあります。
©原岡喜重　2005, Printed in Japan
落丁本・乱丁本は購入書店名を明記のうえ、小社業務宛にお送りください。送料小社負担にてお取替えします。なお、この本についてのお問い合わせは、ブルーバックス宛にお願いいたします。
本書のコピー、スキャン、デジタル化等の無断複製は著作権法上での例外を除き禁じられています。本書を代行業者等の第三者に依頼してスキャンやデジタル化することはたとえ個人や家庭内の利用でも著作権法違反です。
R〈日本複製権センター委託出版物〉複写を希望される場合は、日本複製権センター（電話03-6809-1281）にご連絡ください。

ISBN4-06-257479-9

発刊のことば

科学をあなたのポケットに

二十世紀最大の特色は、それが科学時代であるということです。科学は日に日に進歩を続け、止まるところを知りません。ひと昔前の夢物語もどんどん現実化しており、今やわれわれの生活のすべてが、科学によってゆり動かされているといっても過言ではないでしょう。

そのような背景を考えれば、学者や学生はもちろん、産業人も、セールスマンも、ジャーナリストも、家庭の主婦も、みんなが科学を知らなければ、時代の流れに逆らうことになるでしょう。

ブルーバックス発刊の意義と必然性はそこにあります。このシリーズは、読む人に科学的に物を考える習慣と、科学的に物を見る目を養っていただくことを最大の目標にしています。そのためには、単に原理や法則の解説に終始するのではなくて、政治や経済など、社会科学や人文科学にも関連させて、広い視野から問題を追究していきます。科学はむずかしいという先入観を改める表現と構成、それも類書にないブルーバックスの特色であると信じます。

一九六三年九月

野間省一